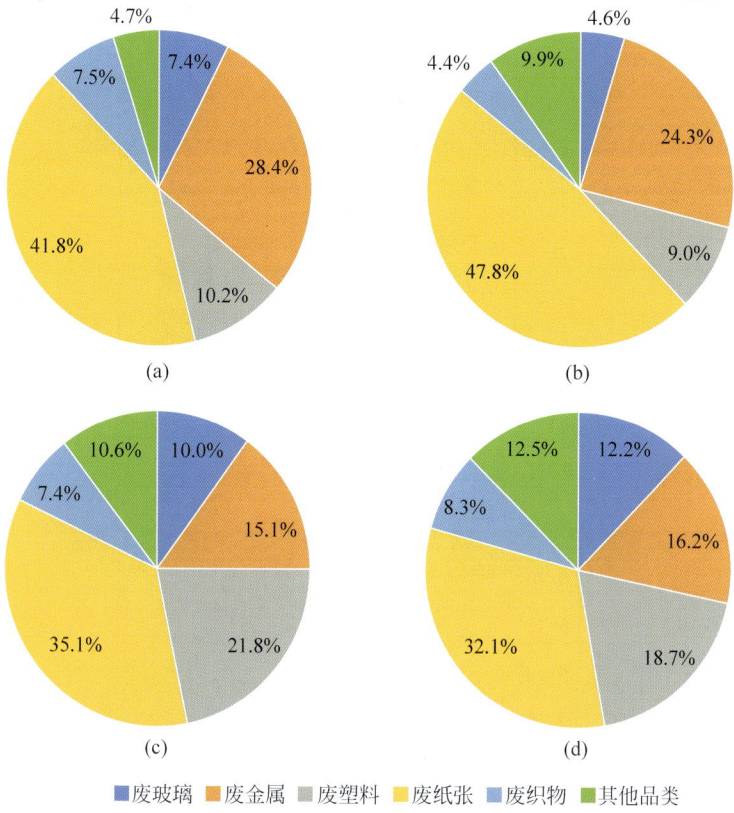

图 1-9　上海城区与郊区可回收物调查典型品类组成

（a）2020 年上海城区；（b）2021 年上海城区；（c）2020 年上海郊区；（d）2021 年上海郊区

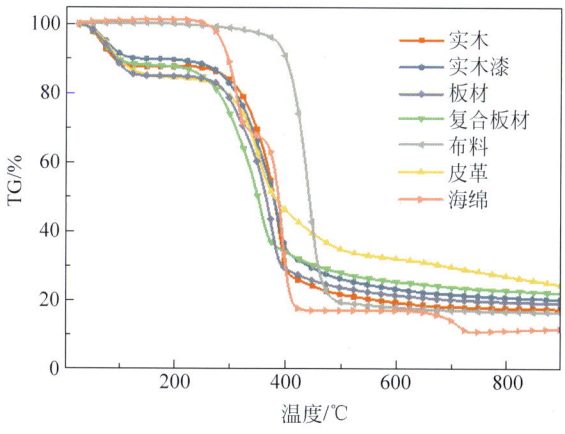

图例：■ 废玻璃　■ 废金属　■ 废塑料　■ 废纸张　■ 废织物　■ 其他品类

图 4-17　不同拆解组分热解特性

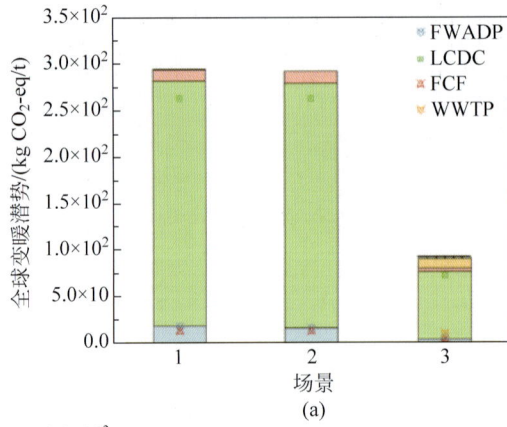

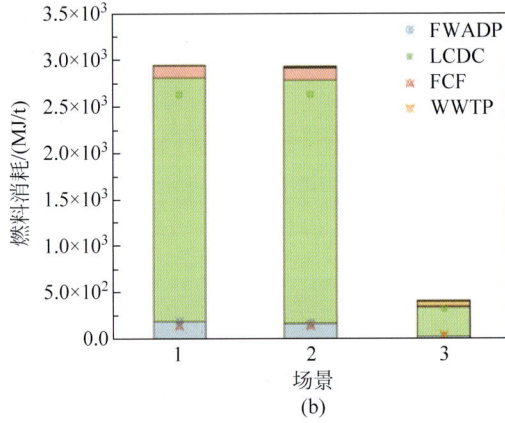

图 4-34　不同场景单位处理量的(a)全球变暖潜势和(b)燃料消耗

国家出版基金项目
NATIONAL PUBLICATION FOUNDATION

"无废城市"建设理论与实践丛书

城市生活源固废全链条回收利用技术与实践

刘建国 聂小琴 方 文 等 编著

清华大学出版社
北京

内 容 简 介

本书系统介绍了生活固废"无废"建设背景,生活固废的来源、特性与分类,生活固废资源化利用技术及实践,以及典型城市和园区案例等,可为"十四五"乃至更长时间我国"无废社会"的建设提供基础资料和借鉴。

本书可供环境管理、生活废物资源化利用等领域的高等院校师生和科研院所研究人员及相关技术人员阅读参考。

图书在版编目(CIP)数据

城市生活源固废全链条回收利用技术与实践 / 刘建国等编著. -- 北京:清华大学出版社,2025. 7. --("无废城市"建设理论与实践丛书). -- ISBN 978-7-302-69900-2

Ⅰ. X705

中国国家版本馆 CIP 数据核字第 20250JH473 号

责任编辑:孙亚楠
封面设计:常雪影
责任校对:赵丽敏
责任印制:杨 艳

出版发行:清华大学出版社
    网 址:https://www.tup.com.cn,https://www.wqxuetang.com
    地 址:北京清华大学学研大厦 A 座   邮 编:100084
    社 总 机:010-83470000   邮 购:010-62786544
    投稿与读者服务:010-62776969,c-service@tup.tsinghua.edu.cn
    质量反馈:010-62772015,zhiliang@tup.tsinghua.edu.cn
印 装 者:大厂回族自治县彩虹印刷有限公司
经 销:全国新华书店
开 本:170mm×240mm 印 张:10.5 插 页:1 字 数:199 千字
版 次:2025 年 7 月第 1 版   印 次:2025 年 7 月第 1 次印刷
定 价:59.00 元

产品编号:108233-01

固体废物治理是生态文明建设的重要内容,是美丽中国画卷不可或缺的重要组成部分。加强固体废物治理既是切断水气土污染源的重要工作,又是巩固水气土污染治理成效的关键环节。党中央、国务院高度重视固体废物污染防治工作,新时代十年以来,针对影响人民群众生产生活的"洋垃圾"污染、"垃圾围城"、固体废物危险废物非法转移倾倒等突出问题,部署开展了禁止"洋垃圾"入境、生活垃圾分类、"无废城市"建设试点、塑料污染治理等多项重大改革,解决了很多长期难以解决的问题,切实增强了人民群众的获得感、幸福感、安全感。

"无废城市"建设是固体废物污染防治的重要篇章。2018年12月,生态环境部会同18个部门编制《"无废城市"建设试点工作方案》,通过中央全面深化改革委员会审议,由国务院办公厅印发实施。生态环境部会同相关部门,筛选确定深圳等11个试点城市和雄安新区等5个特殊地区作为"无废城市"建设试点,各地积极探索和创新工作方法,形成一系列好做法、好经验。在试点基础上,根据《中共中央 国务院关于深入打好污染防治攻坚战的意见》部署要求,2021年12月,生态环境部会同有关部门印发《"十四五"时期"无废城市"建设工作方案》,确定113个城市和8个地区开展"无废城市"建设,"无废城市"建设从局部试点向全国推开迈进。

"无废城市"是以新发展理念为引领,通过推动形成绿色发展方式和生活方式,持续推进固体废物源头减量和资源化利用,将固体废物环境影响降至最低的城市发展模式。开展"无废城市"建设,从城市层面综合治理、系统治理、源头治理固体废物,在突破源头减量不充分、过程资源化水平不高、末端无害化处置不到位等固体废物污染防治瓶颈的同时,有利于改变"大量消耗、大量消费、大量废弃"的粗放生产生活方式,推动形成节约资源和保护环境的空间格局、产业结构、生产方式、生活方式,实现绿色低碳高质量发展。巴塞尔公约亚太区域中心对全球45个国家和地区相关数据的分析表明,通过提升生活垃圾、工业固体废物、农业固体废物和建筑垃圾4类固体废物的全过程管理水平,可以实现国家碳排放减量13.7%~45.2%(平均为27.6%)。

　　开展"无废城市"建设,是党中央、国务院作出的一项重大决策部署,关系人民群众身体健康,关系持续深入打好污染防治攻坚战,关系美丽中国建设。我国"无废城市"建设在推动固体废物减量化、资源化、无害化和绿色化、低碳化等方面取得积极进展,涌现了一大批城市经验和典型。为了全面总结"无废城市"建设的先进经验和典型,宣传和推广"无废城市"建设的中国方案,巴塞尔公约亚太区域中心会同中国环境科学研究院、农业部规划设计研究院、中国科学院大学、中国城市建设研究院有限公司、生态环境部宣传教育中心等单位共同组织编写了"无废城市"建设系列丛书,从国际、工业固废、农业固废、危险废物、生活垃圾、生活方式、典型案例 7 个方面,阐述不同领域固体废物的基本概念。

　　"十四五""十五五"时期是美丽中国建设的重要时期,也是"无废城市"建设的关键时期。我相信,本丛书的出版会对致力于固体废物管理的工作者及开展"无废城市"建设的地区提供有益借鉴,也希望在开展"无废城市"建设的过程中,大家能够更加紧密地团结在以习近平同志为核心的党中央周围,认真贯彻落实党中央、国务院决策部署,推动"无废城市"高质量建设事业迈上新台阶、取得新进步,推动"无废城市"走向"无废社会",为全面推进美丽中国建设、加快推进人与自然和谐共生的现代化作出新的更大贡献!

清华大学环境学院长聘教授、博士生导师

联合国环境署巴塞尔公约亚太区域中心执行主任

目录

第1章

认识生活固体废物

1.1 生活固体废物来源

1.1.1 来源及分类

《中华人民共和国固体废物污染环境防治法》对固体废物定义如下：固体废物是指在生产、生活和其他活动中产生的丧失原有利用价值或者虽未丧失利用价值但被抛弃或者放弃的固态、半固态和置于容器中的气态的物品、物质以及法律、行政法规规定纳入固体废物管理的物品、物质。经无害化加工处理，并且符合强制性国家产品质量标准，不会危害公众健康和生态安全，或者根据固体废物鉴别标准和鉴别程序认定为不属于固体废物的除外。

生活固体废物（简称生活固废）是指在日常生活中或者为日常生活提供服务的活动中产生的固体废物，以及法律、行政法规规定视为生活垃圾的固体废物。这些废物主要包括居民生活垃圾、集市贸易与商业垃圾、公共场所垃圾、街道清扫垃圾及企事业单位垃圾等。生活固废主要包括有机类（如瓜果皮、剩菜剩饭）、无机类（如废纸、饮料罐、废金属等）以及有害类（如废电池、荧光灯管、过期药品等）。生活固废的处理方式主要包括物理处理（如粉碎、压缩和干燥）、生物化学处理（如消化分解和吸收）以及化学处理（如热解气化和焚烧等）。

生活固废一般实行"大分流，小分类"的分类方法（图 1-1）。小分类是指狭义的生活垃圾，包括厨余垃圾、可回收物、有害垃圾和其他垃圾。"大分流"包括狭义的"生活垃圾"、大件垃圾、建筑垃圾、园林垃圾、餐饮垃圾等，针对这些建立独立的分流收运体系，分别进行收集、运输和处理，城市生活垃圾分类见表 1-1。

图 1-1　广义及狭义的生活垃圾分类

表 1-1　城市生活固废分类表

分类	分类类别		内　　容	出　　处
厨余垃圾	家庭厨余垃圾		居民家庭日常生活过程中产生的菜帮、菜叶、瓜果皮壳、剩菜剩饭、废弃食物等易腐性垃圾，简称"厨余垃圾"	《生活垃圾分类标志》（GB/T 19095—2019）《城市生活垃圾分类及其评价标准》（CJJ/T 102—2004）
	餐饮厨余垃圾		相关企业和公共机构在食品加工、饮食服务、单位供餐等活动中产生的食物残渣、食品加工废料和废弃食用油脂等	
	其他厨余垃圾		农贸市场、农产品批发市场产生的蔬菜瓜果垃圾、腐肉、肉碎骨、水产品、畜禽内脏等，简称"厨余垃圾"	
生活垃圾	可回收物	纸类	适宜回收利用的各类废书籍、报纸、纸板箱、纸塑铝复合包装等纸制品	《生活垃圾分类标志》（GB/T 19095—2019）《城市生活垃圾分类及其评价标准》（CJJ/T 102—2004）
		塑料	适宜回收利用的各类废塑料瓶、塑料桶、塑料餐盒等塑料制品	
		金属	适宜回收利用的各类废金属易拉罐、金属瓶、金属工具等金属制品	
		玻璃	适宜回收利用的各类废玻璃杯、玻璃瓶、镜子等玻璃制品	
		织物	适宜回收利用的各类废旧衣物、穿戴用品、床上用品、布艺用品等纺织物	

续表

分类	分类类别		内　容	出　处
生活垃圾	有害垃圾	灯管	居民日常生活中产生的废荧光灯管、废温度计、废血压计、电子类危险废物等	《生活垃圾分类标志》（GB/T 19095—2019）《城市生活垃圾分类及其评价标准》（CJJ/T 102—2004）
		家用化学品	居民日常生活中产生的废药品及其包装物、废杀虫剂和消毒剂及其包装物、废油漆和溶剂及其包装物、废矿物油及其包装物、废胶片及废相纸等	
		电池	居民日常生活中产生的废镍镉电池和氧化汞电池等	
其他垃圾			在垃圾分类中，按要求进行分类以外的所有垃圾	《城市生活垃圾分类及其评价标准》（CJJ/T 102—2004）
大件垃圾	家具		主要包括床架、床垫、沙发、桌子、椅子、衣柜、书柜等具有坐卧以及贮藏、间隔等功能的废旧生活和办公器具，包括制作家具的材料等	《城市生活垃圾分类及其评价标准》（CJJ/T 102—2004）《大件垃圾收集和利用技术要求》（GB/T 25175—2010）
	家用电器和电子产品		家用电器：电视机、电冰箱/柜、空调、洗衣机、吸尘器、微波炉、电饭煲、烤箱、热水器等电子产品：计算机、打印机、传真机、复印机及电话机等	
	其他大件垃圾		厨房用具、卫生用具、行走车辆以及用陶瓷、玻璃、金属、橡胶、皮革、装饰板等不同材料制成的各种大件物品等	
园林垃圾	绿化植物废弃物		绿化植物生长过程中自然更新产生的枯枝落叶废弃物或绿化养护过程中产生的乔灌木修剪物（间伐物）、草坪修剪物、花园和花坛内废弃花草以及杂草等植物性废弃材料	《绿化植物废弃物处置和应用技术规程》（GB/T 31755—2015）《城市绿色废弃物循环利用技术通用规范》（DBJ 440100/T×59—2010）《园林绿化废弃物堆肥技术规程》（DB11/T 840—2011）《绿化植物废弃物处置技术规范》（DB31/T 404—2009）
	城市绿色废弃物		指在城市的生产、生活等活动中产生的植物性废弃物，具有高纤维素含量、高 C/N 比等性质	
	园林绿化废弃物		园林绿化经营管理过程中所产生的枝干、落叶、草屑等植物残体	
	绿化植物废弃物		指城市绿地或郊区林地中绿化植物自然或养护过程中所产生的乔灌木修剪物（间伐物）、草坪修剪物、杂草、落叶、枝条、花园和花坛内废弃花草等废弃物	

续表

分类	分类类别	内　容	出　处
建筑垃圾	工程渣土	碎砖块（砖、石、混凝土等）、渣土	《施工现场建筑垃圾减量化技术标准》（JGJ/T 498—2024）《建筑垃圾就地分类及处理技术标准》（行标征求意见稿）
	工程泥浆	泥浆、泥沙	
	工程垃圾	无机非金属类（混凝土、水泥制品、砂石、砖瓦、陶瓷、砂浆、轻型墙体材料等）、金属类、有机类（木材、塑料、织物、纸类、沥青类等）、其他类	
	拆除垃圾	无机类（混凝土、石材、砖瓦砌块、陶瓷、玻璃、轻型墙体材料、石膏、土）、金属类、木材类、有机可燃类（塑料、纸制品类）、其他类	
	装修垃圾	无机类（水泥制品，凿除、抹灰等产生的旧混凝土、砂浆层等矿物材料）、金属类、有机类（木材、塑料、织物纸类、沥青类等）、其他类	

1.1.2　基本特征及污染风险识别

1. 生活固废基本特征

来源广：城市生活固废产生源主要有居民区、办公区、公共场所、文教区、餐饮机构、集贸市场以及与生活相关的其他场所等。

产量大：随着人口的增长和消费模式的变化，生活固体废物的产生量逐年增加。2023 年，中国生活垃圾清运量为 25408 万吨，无害化处理量为 25402 万吨。

成分复杂：生活固废包含可回收物、有害垃圾、厨余垃圾等，成分复杂，需要分类处理。

地域性强：不同地区的生活习惯和经济条件会影响生活固废的组成和产生量。

季节性强：某些生活固废，如园林垃圾产生量会随着季节变化而变化，如节日期间可能会产生更多的包装材料、年花年橘等。

污染风险高：生活固废中的某些物质，如废镍镉电池和氧化汞电池、荧光灯管等，含有有害物质，如果不正确处理，会对土壤、水体和空气环境造成污染。

有一定资源属性：部分生活固废可以回收再利用，如纸张、塑料、金属等，具有一定的资源回收价值。有机类生活固废，如厨余垃圾，具有一定的生物降解性，可以通过堆肥等方式转化为肥料。

管理复杂性：由于生活固废的多样性和复杂性，其收集、运输、处理和处置需要复杂的管理体系，归属的管理部门涉及住建、城管、环保、商务、应急等，导致责任不明确、管理重叠与缺失、沟通不畅与效率低下等多头管理弊病频繁发生。

2. 生活固废污染风险识别

生活固废具有污染属性与资源属性双重属性,如图 1-2 所示。在特定的场景、时间和技术条件下,固体废物在丢弃之前或在被最终处置之前,极有可能成为其他产品的资源或被消费者再次利用,因此虽然固体废物是一种废物,但在特定的情况下具有一定的资源性。但如不能及时处理,具有长期潜在危害性。固体废物在产生、排放、收集、储存、运输、回用、处理及处置过程中,均可能对环境造成一定的污染,主要是通过水体、空气和土壤传播的。

图 1-2 固体废物的双重属性

从环境保护角度来看,生活固废首先是污染源,不加以控制必然会造成环境污染。即使采取规范措施加以控制,在其收集运输、处理处置、资源能源回收利用的各个环节也都可能对大气、水体、土壤等环境介质产生一定程度的污染。控制措施不同,污染程度也不同,但真正的"零污染"是不现实的。

从经济学角度来看,生活固废是具有负价值的"商品",无论采用何种控制措施,都需要支付一定的经济成本。控制措施的环保标准越高,向环境排放的污染物越少,需要支付的经济成本就越高;反之控制措施的环保标准越低,向环境排放的污染物越多,需要支付的经济成本就越低。

另外,生活固废都蕴含着一定的物质和能量,如果能够提取出来,就可以作为替代材料、替代能源甚至战略物资加以利用,从而减少原生资源的开采,降低相关产品全生命周期污染物排放,因此具有显著的资源属性。在我国主要资源人均储量远低于世界平均水平的背景下,充分回收大量产生的各类生活固废中蕴含的物质与能量,成为突破资源约束瓶颈、降低能耗物耗、改善环境质量的重要举措,也是"绿色发展"的题中应有之义。

1.2　生活垃圾

1.2.1　生活垃圾产量及特性

随着生产力的发展,居民生活水平的提高,商品消费量迅速增加,生活垃圾的产生与排出量也随之增长。城市生活垃圾的产生量受人口和经济发展水平的直接影响。近年来,我国经济持续高速发展,城市化进程加快,人民生活水平大大提高,同时生活垃圾产出量也急剧增加。1980—2023年间,城市生活垃圾整体呈现上升趋势,年增长率最大可达14%,但也出现了几个负增长的时间点(图1-3)。清运的城市生活垃圾处理方式也发生了较大的改变。在1995年之前,仍有一半以上的城市生活垃圾未经处理,随意丢弃。随着城市环卫系统的不断健全,无害化处理率呈现逐年升高的趋势。1980年我国城市生活垃圾清运量为3132万吨,无害化处理量仅为215万吨,无害化处理率不足7%。2023年我国城市垃圾清运量为24869.2万吨,同比增长5.77%,其中无害化处理量为24839万吨,无害化处理率超99.8%。此外,2023年全国城市生活垃圾无害化处理能力为115.2万吨/日,无害化处理量为2.59亿吨,无害化处理率为99.9%。

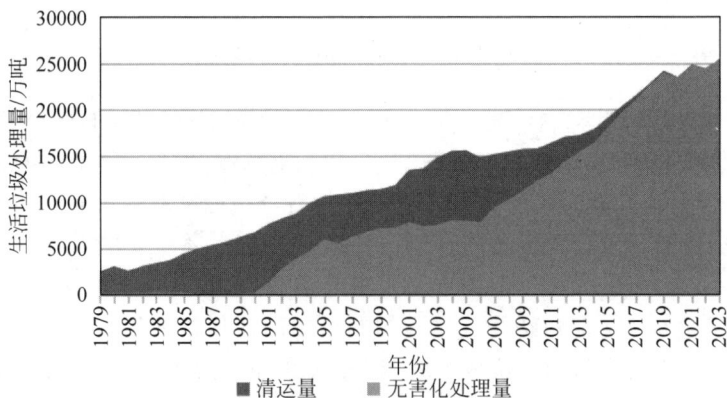

图1-3　城市生活垃圾清运量及无害化处理量变化趋势

生活垃圾成分复杂,由于各地气候、季节、生活水平与习惯等的差异,造成生活垃圾成分的复杂性、不均匀性。狭义的生活垃圾是指居民家庭产生的固体废物,主要包括厨余垃圾、可回收物、有害垃圾和其他垃圾。中华人民共和国住房和城乡建设部(简称"住建部")于 2019 年颁布的《生活垃圾分类标志》(GB/T 19095—2019)规定了生活垃圾分类标志类别构成、大类用图形符号、大类标志的设计、小类用图形符号、小类标志的设计以及生活垃圾分类标志的设置。生活垃圾分类标志由 4 个大类标志和 11 个小类标志构成。大类标志包括厨余垃圾、可回收物、其他垃圾和有害垃圾。其中厨余垃圾(也可称为湿垃圾)包含 3 小类,分别为家庭厨余垃圾、餐厨垃圾和其他厨余垃圾。可回收物包括 5 小类,分别为纸类、塑料、金属、玻璃、织物。有害垃圾包含灯管、家用化学品及电池 3 小类。

对部分发展中国家及发达国家的生活垃圾组分汇总如表 1-2 和图 1-4 所示。厨余垃圾、纸类、塑料类等是其主要组成部分。有研究学者对我国 18 个地区的生活垃圾组分进行了分析,发现我国厨余垃圾平均含量为 59.3%。同时对发达国家的调研结果显示,新加坡、美国、意大利等国家厨余垃圾比例较低,发达国家厨余垃圾的平均占比为 31.6%,仅为发展中国家的约一半。

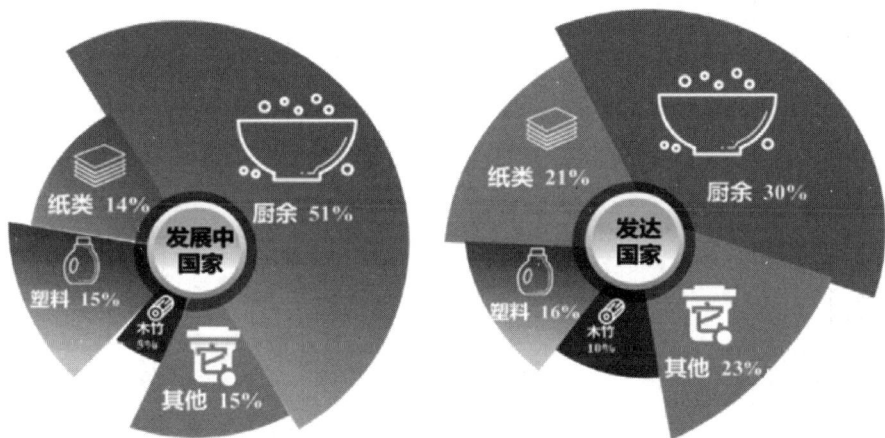

图 1-4 发展中国家与发达国家生活垃圾组分对比

1.2.2 垃圾分类

1. 背景

2016 年以来,习近平总书记多次就垃圾分类做出重要指示批示,强调"普遍推行垃圾分类制度"。党的十九大报告提出"加强固体废弃物和垃圾处置",《中共中央关于坚持和完善中国特色社会主义制度推进国家治理体系和治理能力现代化若干重大问题的决定》提出"普遍实行垃圾分类和资源化利用制度",《中

表 1-2 部分发展中国家及发达国家生活垃圾组分汇总表

%

地区	年份	餐厨	纸类	塑料类	纺织类	木竹类	灰土类	砖瓦类	玻璃类	金属类	其他
中国（深圳）	2013年	48.4	13.1	18	5.6	3.4	6.7	1.9	2.1	0.8	—
中国（北京）	2014年	40.4	27.9	18.1	1.4	10.2	0.5	0.2	1	0.3	—
中国（北京）	2010—2012年	53.7~61.5	14.5~17.7	15.7~18.9	—	—	—	—	—	—	—
中国（北京）	2009年	63.4	15	16.5	1	1.1	0.4	0.1	2.1	0.4	—
中国（北京）	2009年	51.8	11.7	21	4.2	4.9	3.4	2.1	0.3	0.6	—
中国（苏州）	1999—2010年	61.2~69.1	6.1~13.2	11.6~19	1.7~4.2	0.3~1.9	0.4~6.3	—	1.2~2.9	0.2~2.9	—
伊朗	2018年	68.7	9.9	11.9	—	1.2	3	—	2.8	0.9	1.6
加纳	2015年	61	5	14	1	—	5	—	3	3	8
巴西	2011年	49.5	18.8	22.9	3	1.3	0.2	—	1.5	2.8	—
印度	2011年	52.3	13.8	7.9	1	—	—	—	0.9	1.5	22.6
印度	2010年	42.9	6.1	6	2.5	9.5	12.5	8	2	5	5.5
土耳其	2015年	42.4	11	13.4	—	—	11.3	—	3.6	1.1	17.2
泰国	2012年	34	15	24	2	10	—	—	8	3	4
马来西亚	2019年	53.1	23.1	—	13.9	8.1	1.8	—	—	—	—
发展中国家	2018年	52.1	11.4	12.7	2.9	4.3	13.1	—	2.9	0.6	—
丹麦	2010年	28	24	24	—	16	—	—	4	4	—
美国	2009年	15.7	—	25	13.2	—	—	—	10	10	26.1
芬兰	2015年	27.1	10.5	21.7	—	—	—	—	2.4	4.0	34.3
日本	2017年	39.8	32.2	9.7	6.4	3.5	4.7	0.8	0.9	2	—
英国	2011年	36.6	25	3.7	2.1	—	—	—	9	2.8	20.9
法国	2013年	39.6	16.2	11.7	2.3	6.9	11.4	—	6.3	3.0	—
新加坡	2019年	16	23	35	7.7	6.9	11.4	—	—	—	—
意大利	2017年	35	19	11	—	—	—	—	6	3	26
发达国家	2018年	31.6	23.2	13.3	4.4	12.1	5.6	—	5.3	4.5	—

共中央　国务院关于深入打好污染防治攻坚战的意见》提出"因地制宜推行垃圾分类制度"。"十四五"规划纲要明确"要建成全链条的生活垃圾分类处理系统",《2030 年前碳达峰行动方案》指出要"扎实推进生活垃圾分类,加快建立覆盖全社会的生活垃圾收运处置体系,全面实现分类投放、分类收集、分类运输、分类处理"。垃圾分类这一"关键小事"的意义已大大超越垃圾处理与废物资源化本身,成为我国生态文明建设的重要内容、基层社会治理的重要抓手和社会文明促进的重要载体[1]。

2020 年 9 月 1 日,新修订实施的《中华人民共和国固体废物污染环境防治法》提出"国家推行生活垃圾分类制度",并明确"生活垃圾分类坚持政府推动、全民参与、城乡统筹、因地制宜、简便易行的原则",为普遍推行垃圾分类制度提供了坚实的法制保障。北京、上海等 46 个垃圾分类重点城市全部出台了地方性法规或规章及配套政策文件,从国家、重点城市和部分省份层面上,垃圾分类已经实现有法可依、有规可循[2-4]。2021 年,全国人大常委会开展固体废物污染环境防治法执法检查,将垃圾分类制度落实情况作为执法检查的重点之一,对相关法规、标准、政策、制度等出台和完善、对相关政府部门形成工作合力、对各类责任主体履行责任,对垃圾分类处理能力提升和结构优化起到了显著促进作用[1]。我国垃圾分类政策发展如图 1-5 所示。

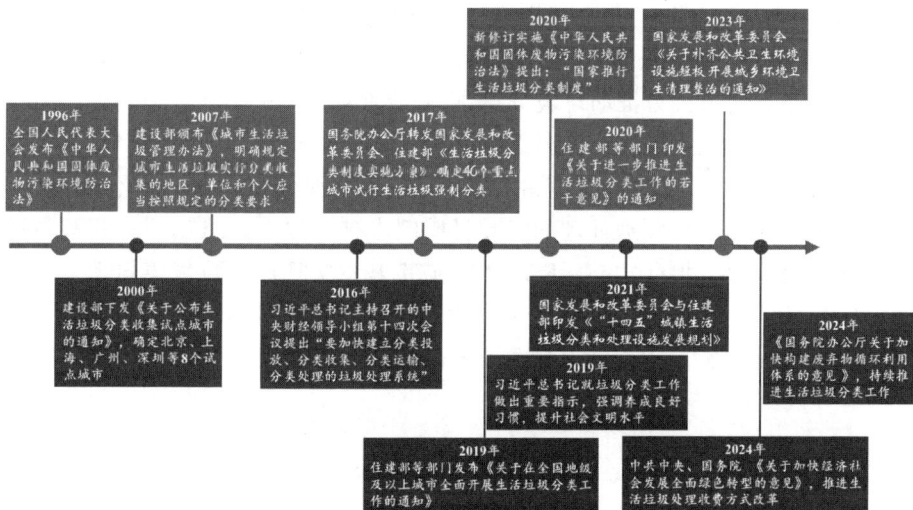

图 1-5　我国垃圾分类政策发展

2. 进展

2017 年 3 月,国家发展和改革委员会(简称"发改委")、住房和城乡建设部发布《生活垃圾分类制度实施方案》,确定在全国 46 个重点城市的城区范围内试行生活垃圾强制分类。

截至 2020 年年底,46 个重点城市基本建成分类投放、分类收集、分类运输、分类处理的生活垃圾管理系统,覆盖 16.8 万个居民小区、8300 万户居民,居民小区覆盖率达 94.6%;分类运输体系基本建成,配备 1 万多辆厨余垃圾运输车,"混装混运""先分后混"现象杜绝;生活垃圾全部实现无害化处理,厨余垃圾处理能力从 2019 年年底的 3.5 万吨/日提升到 7.1 万吨/日,可回收物规范化回收利用水平显著提升,生活垃圾回收利用率从 2019 年年底的 29.1%提升到 36.2%,超过 35%的预期目标[1,4]。

46 个试点城市参与生活垃圾分类工作的党员领导干部总数达 100 万,志愿者达 300 万,开展入户宣传 3000 多万次,开展各类主题宣传活动、垃圾分类实践活动累计 8.5 万次,形成了良好的社会氛围。根据万科公益基金会和"零点有数"在北京、上海、天津、重庆、广州、深圳等 20 个样本城市的专业调查结果,居民对垃圾分类的信心度明显上升,超过八成的居民认同生活垃圾减量分类是居民的法定责任和义务,源头减量与废旧物品回收利用的意识不断提高,行为也更加普遍;2018—2021 年,样本城市有垃圾分类习惯的居民比例持续增加,且居民对于常见生活垃圾特别是厨余垃圾、有害垃圾的分类行为正确率大幅提升;定时定点投放等集约化管理措施得到全国各地居民的普遍支持,国家标准规定的生活垃圾"四分法"得到普遍认可[1]。

46 个重点城市大力推动垃圾分类,也有效带动了全国生活垃圾处理能力持续提升,结构持续优化:2020 年全国城市生活垃圾清运量为 2.35 亿吨,无害化处理率达 99.7%,其中焚烧发电占 62.3%,卫生填埋占 33.1%,生化处理等占 4.6%;农村生活垃圾收运处理的行政村比例达 90%以上,2.4 万个非正规垃圾堆放点得到整治。北京、上海等 30 多个城市基本实现原生垃圾零填埋。从分类处理系统能力和结构来看,我国城市生活垃圾处理与日本、德国、瑞典等发达国家的差距迅速缩小,其服务功能正在从环境卫生和环境质量改善向环境安全保障与气候变化应对过渡[1,5]。

3. 典型城市分类成效

(1)北京

2023 年,北京市家庭厨余垃圾分出率稳定在 18%以上,生活垃圾回收利用率达到 38.5%以上。相比《北京市生活垃圾管理条例》实施前,厨余垃圾分出量增长 10 余倍,可回收物规范回收量增长近 1 倍,其他垃圾减量率超过 30%,全市生活垃圾日处理能力达到 3.2 万吨,分类效果明显。推动近 1.6 万个居住小区(村)、11.7万个垃圾分类管理责任人和广大群众全面实施垃圾分类,各品类垃圾收运处理全链条基本贯通,市民自主分类习惯逐步养成。

(2)上海

2023年,上海市湿垃圾分出率稳定在35%,可回收物日分出量为7698 t,有害垃圾日分出量为2 t,湿垃圾日分出量为9443 t,干垃圾日清运量为17264 t,生活垃圾"三增一减"(干垃圾减少,其他三类垃圾增加)趋于稳定。对比《上海市生活垃圾管理条例》实施前,可回收物、有害垃圾、湿垃圾分别增长1.9倍、14.3倍和0.7倍,干垃圾减少15.6%,居住小区和单位垃圾分类达标率保持在95%以上。

(3)深圳

2023年,深圳厨余垃圾分出率达到26.1%,生活垃圾回收利用率和资源化利用率分别达48.8%和87.7%,位居全国前列。与《深圳市生活垃圾分类管理条例》实施前相比,可回收物回收量增长50.3%,有害垃圾回收量增长49.1%,厨余垃圾回收量增长200%,其他垃圾处置量下降7.9%,四类垃圾回收处置量实现"三增一减"。垃圾焚烧发电处理能力已超1.8万吨/日,厨余垃圾处理设施79处,厨余垃圾处理能力达6693吨/日。

(4)宁波

2023年,宁波市厨余垃圾分出率为31%,生活垃圾分类精准率为90%,城镇生活垃圾回收利用率为41%,城镇生活垃圾回收利用量为73.75万吨,回收利用率达70.2%。全市2023年度共收运处置其他垃圾281.39万吨、厨余(餐厨)垃圾123.04万吨、可回收物73.75万吨、有害垃圾0.0353万吨。全市共有生活垃圾集中处理设施15座,总处理能力为15315吨/日。全市建成标准化可回收物分拣中心12座,城镇范围可回收物回收站点3085处。

(5)厦门

2023年,厦门市厨余垃圾分出率约为23%,垃圾分类准确率达85%,垃圾回收利用率超50%,资源化利用率达87%。生活垃圾投放点由2017年的3.6万个合并到目前的4900多个,均已进行提升改造。截至2023年年底,共新建、改建垃圾屋2100座。从2017至2023年,可回收物日均分出量增长1.7倍,有害垃圾日均分出量增长80倍,厨余垃圾(含餐厨)日均分出量增长2.6倍。2022年12月,全国首个低值可回收物分拣中心在厦门投产运营。

(6)苏州

2023年,苏州市厨余垃圾分出率达27.8%,生活垃圾回收利用率达42%,资源化利用率达86.4%,苏州全市建成"三定一督"小区5354个,覆盖率达100%。取消10万多个零散垃圾桶点位,建设1.5万个高标准垃圾分类投放屋,配备不同类型的专业车辆近 1.1 万辆,全市建成每日 4 万吨的垃圾处置终端设施,垃圾焚烧设施 6 座(处置能力达 1.7 万吨/日),实现原生生活垃圾"全量焚烧、零填埋";厨余垃圾集中处置设施 12 座(处置能力超 4000 吨/日)。

1.2.3 厨余垃圾

1. 定义

厨余垃圾又称为"湿垃圾",是生活垃圾的重要组成部分,也是生活垃圾分类工作重点分离的对象。根据住房和城乡建设部在 2019 年发布的《生活垃圾分类标志》新版标准,厨余垃圾包括家庭厨余垃圾、餐饮厨余垃圾和其他厨余垃圾。家庭厨余垃圾是指家庭中产生的菜帮菜叶、瓜果皮核、剩菜剩饭、废弃食物等易腐性垃圾;餐饮厨余垃圾是指从事餐饮经营活动的企业和机关、部队、学校、企业事业等单位集体食堂在食品加工、饮食服务、单位供餐等活动中产生的食物残渣、食品加工废料和废弃食用油脂;其他厨余垃圾则是指农贸市场等产生的蔬菜瓜果垃圾、碎肉骨、水产品、家禽宰杀后的畜禽内脏等,此外,庭院落叶、开谢的花卉等园林有机废物在不做细分的情况下,也可以归属于厨余垃圾进行处理,如图 1-6 所示。

图 1-6　厨余垃圾示意图

人们对于厨余垃圾属性的认识,通常存在以下两点误区:①大块骨头属于厨余垃圾,事实上,由于大块骨头质地坚硬不易破碎且有机质含量较低,其可生化性很差,因此将其归于其他垃圾中,类似的还有榴莲壳、椰子壳等;②厨余垃圾装袋后,直接投放至厨余垃圾桶内,然而,常用的塑料袋,即使是可降解材质,可生化性也远比厨余垃圾本身差,掺混会对后续处理过程造成不利影响[6],因此,在投放前,最好先破袋,将厨余垃圾倒入厨余垃圾桶内后,再把塑料袋放进其他垃圾桶内。

2. 产量及组分特征

我国厨余垃圾产量巨大,占生活垃圾总量的 60% 左右,2023 年,我国城市生活垃圾总产量在 41000 万吨以上,按照比例,厨余垃圾每年产生量在 2 亿吨以上,在厨余垃圾总产生量中,家庭厨余占比最高,可达 80%,剩余的主要是餐饮厨余垃圾,少部分为其他厨余垃圾。

厨余垃圾具有含水率高(含水率为 70%~80%)、有机质含量高(有机质占总固体含量的 80% 以上)、热值低、可生化性好的普遍特征[7]。但由于不同类型厨余垃圾产生情境有所差别,导致它们组分特征存在明显差异。其中,家庭厨余垃圾以备餐过程产生的菜帮菜叶、肉食边角料,以及剩饭剩菜为主,成分主要是碳水化合物、粗纤维和少量脂肪,油脂和蛋白质含量较低;而餐饮厨余垃圾的主要组分为经过烹饪的熟食,由于在烹饪过程中使用了油、盐等调味品,其油脂、盐分和蛋白质含量较高[8]。

3. 资源化利用途径

厨余垃圾良好的可生化性能和较低的热值决定了其最优处理方式为生化处理。在之前很长一段时间,由于生活垃圾并未很好地进行分类,卫生填埋是生活垃圾的主要处理方式,尽管卫生填埋能够通过收集填埋气实现一定程度的资源化利用,但在此过程中产生的渗滤液和恶臭气体对周边生态环境造成严重威胁,同时大量地占用土地也使得该技术难以持续。

现有厨余垃圾资源化利用技术包括:厌氧产沼、好氧堆肥、好氧微生物处理制肥、养殖昆虫以及烘干制饲料等。然而,由于不同类型厨余垃圾成分存在差异,需采用不同途径实现资源化利用。例如,对于家庭厨余垃圾和其他厨余垃圾中的庭院垃圾,可以采用好氧微生物处理制肥方式,在较短时间内将有机组分转换为肥料后在小区绿化带或家庭花园自用;也可以直接收运至大型有机垃圾处理厂,进行好氧堆肥或者厌氧产沼,实现资源能源回收利用。而对于油脂含量较高的餐饮厨余垃圾,需要统一运送至垃圾处理厂进行处理,餐厨垃圾经过粗筛分、除杂后,通常用水热预处理方式对垃圾中所含油脂进行溶解,利用三相分离器,将餐厨垃圾分为油、液、固三部分[9];油脂部分可以作为航空燃油等工业用油的粗产品,具有很高的经济价值,固体部分中蛋白质含量较高,可以进一步加工制成动物饲料,液体部分同样含有较高的有机成分,进入厌氧消化反应器进行产沼或生产其他高附加值化学品(图 1-7)。必须明确的是,厨余垃圾资源化是在无害化前提下进行的,而如餐饮厨余垃圾"野火私炼"以及"地沟油"返回餐桌这样对人体健康和环境有害的"资源化"行为则是被法律所禁止的。

图 1-7　不同类型厨余垃圾资源化利用途径

4. 全过程(收转运、处理)管理模式

随着垃圾分类工作的推进和双碳目标的确立,建立我国厨余垃圾减量利用全链条管理层次构架(图 1-8)是实现厨余垃圾减量和资源化高值利用的基础。

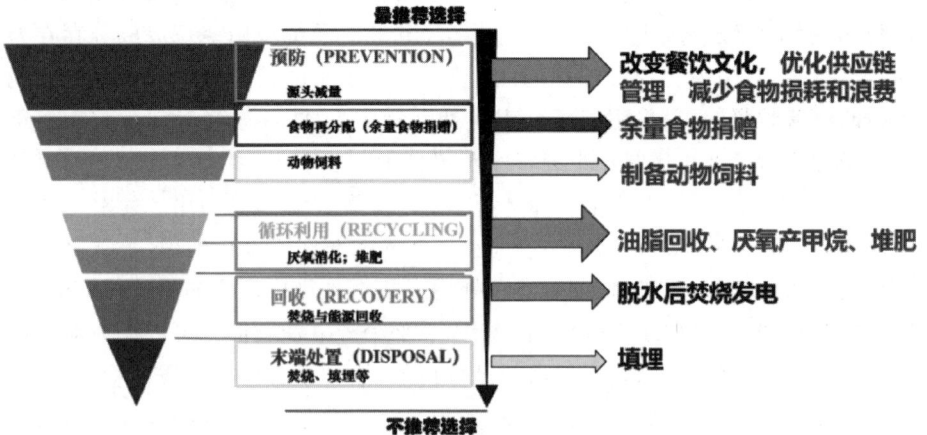

图 1-8　厨余垃圾减量利用全链条管理层次构架

从全过程管理模式来看,实现其源头减量是厨余垃圾全链条管理的基石所在。一方面,我们要改变餐饮文化,深化落实"光盘行动";另一方面,对于多出的食物,也尽可能实现物尽其用,通过推动高质量且合格的余量食物再分配以及制作符合标准的动物饲料等环节,对其"吃干榨尽",大幅削减厨余垃圾产量。在厨余垃圾投放、收运环节,要提升操作者和居民意识,尽可能避免难降解物质的掺杂,保证厨余垃圾的品质,这有利于后续生化反应器的稳定运行;由于厨余垃圾含水率高且易腐的特性,运输过程中为防止渗滤液和臭气对城市环境的污染,需要采用全密闭垃圾运输车进行转运。在处理环节,应以资源化处理模式为主,通过油脂回收、堆肥、厌氧产甲烷等方式回收资源和能源;资源化处理后剩余的物质通过脱水后焚烧或填埋做最终处置,脱水产生的渗滤液送至污水处理厂进行处理。

1.2.4　可回收物

1. 定义

根据《城市生活垃圾分类及其评价标准》(CJJ/T 102—2004),可回收物指适宜回收循环使用和资源利用的废物,主要包括:纸类(未严重玷污的文字用纸、包装用纸和其他纸制品等,如报纸、各种包装纸、办公用纸、广告纸片、纸盒、复印纸等);塑料(废容器塑料、包装塑料等塑料制品,如各种塑料袋、塑料瓶、泡沫塑料、一次性塑料餐盒餐具、硬塑料等);金属(各种类别的废金属物品,如易拉罐、铁皮罐头盒等);玻璃(有色和无色废玻璃制品);织物(旧纺织衣物和纺织制品)。

推行垃圾分类后,国内各地市因地制宜地出台的相关标准、条例中对可回收物的定义及类别略有差异。例如,《北京市生活垃圾管理条例》规定,可回收物指在日常生活中或者为日常生活提供服务的活动中产生的,已经失去原有全部或者部分使用价值,回收后经过再加工可以成为生产原料或者经过整理可以再利用的物品,主要包括废纸类、塑料类、玻璃类、金属类、电子废弃物类、织物类等。《深圳市生活垃圾分类管理条例》规定的可回收物是指适宜回收和资源化利用的垃圾,包括废弃的玻璃、金属、塑料、纸类、织物、家具、电器电子产品等。

随着垃圾分类工作的持续推进,根据不同可回收物的回收利用特征,《上海市可回收物回收体系建设和运营管理导则(2024 版)》中将可回收物进一步细分为可回收物和低价值可回收物。其中可回收物是指废纸张、废塑料、废玻璃制品、废金属、废织物等适宜回收、可循环利用的生活废弃物;低价值可回收物是指日常生活中产生的具有一定回收利用价值,单纯依靠市场自发调节难以有效回收利用,需经过集中规模化回收和处理才能产生循环经济效益的可回收物(表1-3)。

表1-3 上海市低价值可回收物回收指导目录

品 类	常 见 实 物
废玻璃	碎玻璃、食品及日用品玻璃瓶罐(调料瓶、酒瓶、化妆品瓶)、玻璃杯、玻璃制品(放大镜、玻璃摆件)、窗玻璃等
废塑料	塑料包装盒、软塑包装、塑料袋、泡沫塑料、塑料玩具(塑料积木、塑料模型)、其他杂塑料(衣架、脸盆、油壶、洗衣液瓶等塑料制品)以及纳入专项回收体系的塑料餐盒(PP)、塑料杯(塑料奶茶杯、咖啡杯等)等
废纸张	纸塑铝复合包装(牛奶盒、饮料盒、果汁盒)、其他废纸(打印纸、广告单、信封)以及纳入专项回收体系的纸塑复合包装和容器(一次性餐盒、一次性纸杯、包装袋)等
废织物	衣物(外穿)、裤子(外穿)、床上用品(床单、枕头)、鞋(双)、毛绒玩具(布偶)等
废木类	小型木制品(积木、砧板)、木板、木制家具等

2. 产量及组分特征

可回收物的源头产量与各地市经济发展水平和居民生活水平呈正相关关系,而在垃圾处理系统中收集到的可回收物量则进一步受到人民生活习惯、垃圾分类水平、再生资源回收企业参与程度等因素的影响。

为了解生活源可回收物产量及细分品类,2020年上海环境卫生工程设计院对168户样本家庭可回收物产量进行了源头产量监测,结果显示家庭可回收物产量户均为0.644 kg/d,人均为0.244 kg/d(表1-4)。

表1-4 居民家庭可回收物产量

品 类	总量/(kg/d)	户均/(kg/d)	人均/(kg/d)
废玻璃	235.95	0.050	0.019
废金属	534.00	0.114	0.043
废塑料	943.81	0.201	0.076
废纸张	1105.25	0.235	0.089
废织物	211.12	0.045	0.017
总量	3030.13	0.644	0.244

2021—2022年,上海环境卫生工程设计院通过调研、访谈的形式识别了城区和郊区可回收物产生量的差异,结果显示:上海可回收物品类以废纸张、废金属和废塑料为主,城区人均可回收物回收量为0.24 kg/d,郊区人均可回收物回

收量为 0.21 kg/d(图 1-9)[10]。

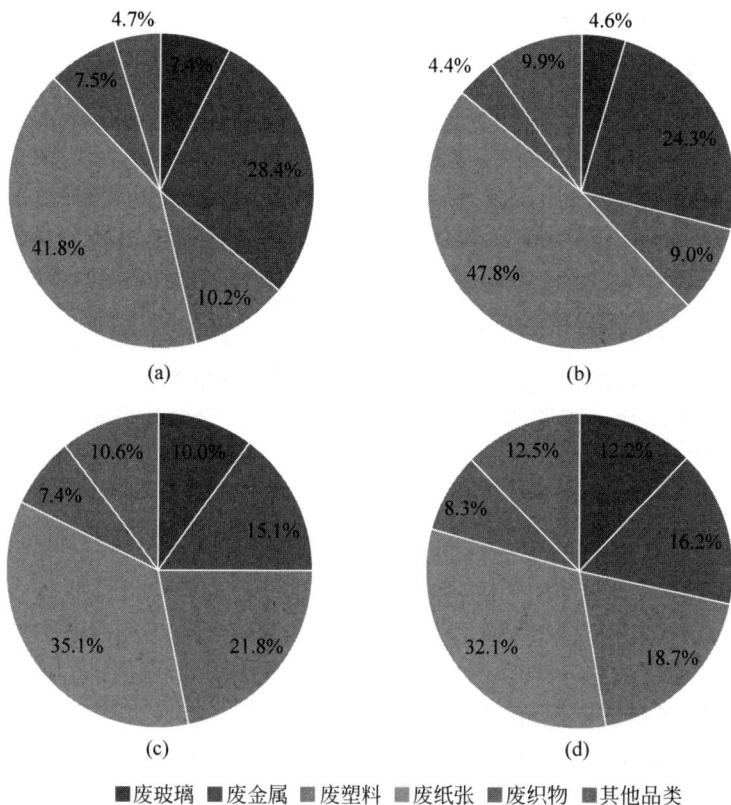

图 1-9 上海城区与郊区可回收物调查典型品类组成(见文前彩图)

(a) 2020 年上海城区;(b) 2021 年上海城区;(c) 2020 年上海郊区;(d) 2021 年上海郊区

实践中,由于物业管理人员、拾荒者、环卫人员层层捡拾,可回收物中回收价值较高的未被污染纸板、塑料瓶、废金属大多数可进入再生资源回收系统并被再生利用,而低值部分如废塑料袋、软包装物、废玻璃、废纺织品、旧木制家具等最终进入垃圾管理系统。因此,为准确掌握可回收物的产量与流向,需城市环卫系统与再生资源系统相互配合。然而当前我国再生资源系统运行数据主要依赖于回收网点和企业自行上报,具有主观性和不确定性强、分类标准不统一、数据收集机制不完善等短板,导致"两网并行"现状下国内生活垃圾中可回收物相关统计数据缺乏,且存在较大地区间差异性。相关研究表明可回收物中的废纸和废金属回收率超过 80%,而废玻璃的回收率不足 30%。

此外,我国垃圾回收指标的定义与边界条件同发达国家回收率相比存在显著差异。例如,欧盟《包装及包装废弃物指令》中回收指标包括分类后的废物焚烧,而我国的回收指标只包括物质回收利用。因此欧盟各国的回收指标更类似于我国的分类收集率,在回收率表观统计数字方面较我国更高。

3. 资源化利用途径

可回收物资源化利用途径与其理化性质密切相关,选取 5 类典型可回收物进行简单介绍。

1)废弃纸张再利用技术

废纸的回收利用在节约投资成本、节约纤维原料及节能降污降耗等方面具有突出意义。废纸造纸有助于减少原生林木采伐、减少温室气体和污染物的排放,体现了纸张的天然可循环属性,被称为"城市森林"。废纸最主要的用途还是纤维回用生产再生纸产品。根据纤维成分的不同,按纸种进行对应循环利用才能最大限度发挥废纸资源价值。由于利用原木造浆的传统造纸消耗大量木材、破坏生态,并造成严重的污染,因此,利用废纸的"城市造纸"已经和造林、造纸一体化的"林浆纸一体化"一起,成为现代造纸业的两大发展趋势。

废纸制浆是废纸利用最为广泛的途径,获得的高质量的纸浆可用于生产再生包装纸、再生新闻纸等。纸厂回收的废纸中包含了大量的杂质,这些杂质主要有以下三个来源:一是来源于原纸,即在原纸生产过程中加入的各种添加剂,如填料、染料、涂料及各种化学助剂;二是来源于使用过程中加入的各种物质,如印刷油墨、涂料、金属箔及各种胶黏物;三是来源于回收过程中混入的各种物质,如铁丝、打包带、沙子、石头、纸夹、文件夹等。从根本上说,废纸处理过程就是分离这些杂质的过程(图 1-10)。

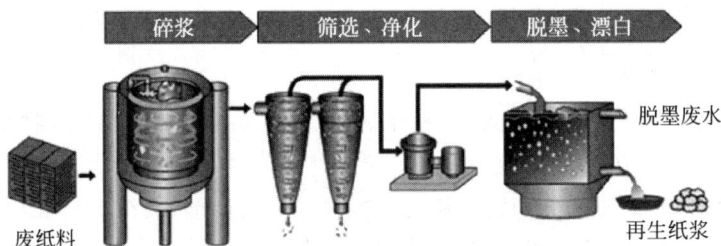

图 1-10　废纸造浆处理流程图

废纸分离除杂流程基本上都是由碎浆、筛选、净化、脱墨(浮选与洗涤)、热分散、漂白等重要的单元操作所组成。20 世纪 70 年代普遍采用的是单回路处理流程,而现在最复杂的工艺流程已经发展到了有三道浮选、三道洗涤浓缩、二道热分散、二道漂白、三道气浮的三回路处理流程。

分离出来后的纯纸浆进一步根据需要的功能而添加化学物品,随后均匀地喷在传送带表面,在滚轮旋转碾压进行初脱水和高温烘干进行二次脱水后即可卷成原纸纸卷。后期加工厂会根据最终用途对原纸进行加工,原纸经印刷、淋膜、覆膜、烫金、模切、糊盒等不同加工工序后重新成为生活中使用的纸箱、包装材料等。

2) 废弃塑料再利用技术

2020 年我国塑料废弃物产生量高达 1600 万吨,到 2025 年预计将达到 1700 万吨。废弃塑料回收利用可分为四级,第一、第二级为材料再生,即物理回收,第三级为化学回收,制取化学品或油品,第四级针对无法资源化利用的部分进行焚烧处理并回收能量[11-12]。

物理回收不改变塑料化学组成,是最常用的塑料再生方式。它包括收集废弃塑料,然后进行分类、清洗、粉碎、造粒等步骤,最后制成新的塑料产品。这种方法广泛用于单一材质的热塑性废弃塑料,如聚乙烯(PE)、聚丙烯(PP)、聚对苯二甲酸乙二酯(PET)等。

化学回收采用裂解技术将废弃塑料降级回收为可再次使用的燃料(汽油、柴油等)或化工原料(乙烯、丙烯等)。但由于化学回收装备复杂、能耗高,从经济角度一直被认为是难以推广应用。

能量回收,即燃烧回收热能,主要适用于传统物理法和化学法无法回收利用的污染严重的废旧塑料,通过垃圾焚烧产生高温气体用于发电(图 1-11)。

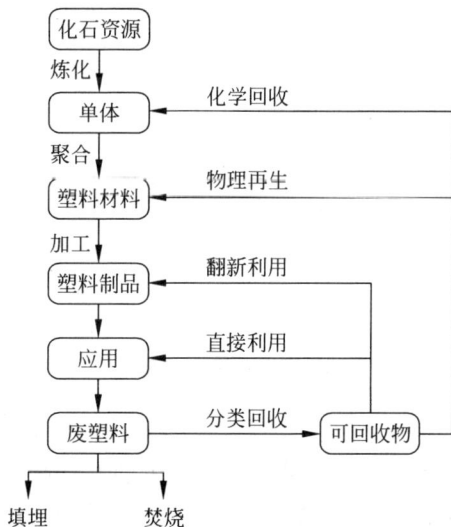

图 1-11　塑料垃圾污染防治与回收利用全流程技术体系

3) 废弃玻璃再利用技术

废弃玻璃再利用有如下 5 个并行的途径:

（1）碎玻璃可作为铸钢和铸造铜合金熔炼的熔剂，起覆盖熔液防止氧化作用。

（2）经破碎的玻璃可作为修筑道路或建筑时的添加材料，起到替代部分天然骨料的作用。

（3）废弃玻璃回炉再造，生产新的玻璃制品。该途径首先根据颜色差异进行分选，同时剔除标签、瓶盖等异物；接着用水或特定溶剂清洗，去除表面残留；随后将玻璃破碎成小块或粉末并将这些碎玻璃在 1400～1600℃ 的高温熔炉中熔融后按需求调配成新的玻璃材料；最后，注入模具制成如瓶罐、容器等新产品。通常白色的玻璃砂可以直接熔解重新利用，制作玻璃制品，而杂色的玻璃主要用于建材的填充料。

（4）原料回用，将回收的碎玻璃作为玻璃制品的添加原料促使玻璃在较低温度下熔融。

（5）形态完好的玻璃制品，如啤酒瓶、汽水瓶等经分拣清理、清洗消毒、去除标签、质量检测合格后重新灌装利用（图 1-12）[13]。

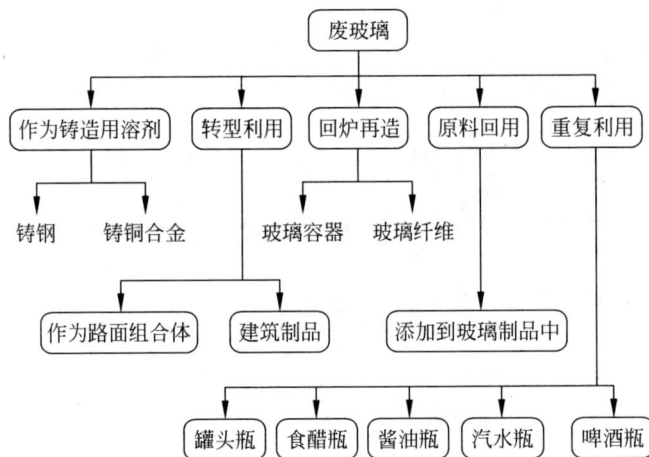

图 1-12　废旧玻璃回收利用体系

4）废弃金属再利用技术

废旧金属回收是指从废旧金属中分离出来的有用物质经过物理或机械加工成为再生利用的制品，是从回收、拆解到再生利用的一条产业链。通过废旧金属的回收利用，将大量社会生产和消费后废弃的资源再利用，既减少了对原生资源的开采，又节约了大量的能源。

根据不同的处理方式和技术特点，金属再生技术主要分为以下几类：

（1）机械法：通过物理手段分离金属，不改变其化学成分。常用的方法包括破碎、筛分、磁选、重力分选等,适用于大型金属废料的处理。

(2)化学法:通过化学反应等使废弃物料中所含有的有用金属转入液相,再对液相中所含有的各种有用金属进行分离富集,最后以金属或其他化合物的形式加以回收的方法。主要包括浸出、液固分离、溶液净化、溶液中金属提取及废水处理等单元操作过程。该方法可处理复杂金属混合物。

(3)热法:利用冶金炉高温加热剥离非金属物质,使贵金属熔融于其他金属熔炼物料或熔盐中,最后加以分离。该方法适用于金属合金的再生。

5)废弃织物再利用技术

目前,废旧纺织品的回收利用途径有两个:一是对价值较高的名牌服装或成色较新的二手服装翻新后,用作二手服装出口、慈善捐赠及少量国内二手交易;二是不能用作二手服装的,通过物理或化学方法加工处理后进行资源化利用[14],如制成汽车或建材的内装材料、毛绒玩具的填充物、造纸业原料、蔬菜大棚保温被、抹布、拖鞋、鞋垫等(图 1-13)。

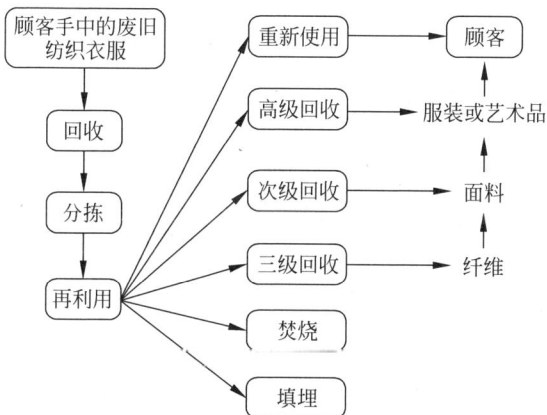

图 1-13 废旧纺织服装回收与再利用产业链

废旧纺织品再利用过程中分拣过程是其回收与再利用体系中的重要环节,目前行业内主要采取人工分拣或近红外光谱分拣技术对废旧纺织品性质进行定性定量分析。

废旧纺织品再利用处理方法一般根据处理对象进行选择,主要可归纳为以下 3 类:

(1)清洁技术:包括水洗和消毒两个方面。其中水洗由预洗、漂洗和干燥过程构成;消毒技术则根据面料结构或者用途选用紫外线、臭氧、环氧乙烷等消毒方法杀灭病原微生物。

（2）物理法再利用技术：在不改变废旧纺织服装纤维化学结构的基础上，通过裁剪、破碎、开松等手段解构面料，随后利用纺纱、成网等物理手段重新编织生产新纺织品。

（3）化学法再利用技术：利用化学手段将废旧纺织品分解成小分子后重新制备纺织纤维或者制备其他化工原料。化学法常用于废旧纯涤纶织物和废旧涤/棉混纺织物。

4. 全过程管理模式

目前我国在可回收物再生利用方面推行"两网融合"管理模式，即将生活垃圾分类收运体系和再生资源回收体系进行有机结合，能够从源头投放、收运系统、处置末端三个环节进行统筹规划设计，实现投放站点整合统一、作业队伍整编、设施场地共享等，使得不同类型可回收物能得到循环、再生利用和合理处置处理，实现资源利用效率达到最大化和垃圾处理的减量化[15]。

投放环节，传统的垃圾混合投放模式中由于缺乏有效的分类收集机制，许多低值可回收物往往被混入其他垃圾一起最终进入填埋场或焚烧厂造成资源浪费。通过"两网融合"，可以建立更加完善的分类投放收集体系，为低值可回收物提供回收通道，从而显著提高回收率。

收集运输环节，通过设立可回收物分拣中心或再生资源回收网点，根据材质特性准确对各种可回收物分选分类并送往下游对应利废企业，可确保可回收物能够被有效、环保地转化为再生产品。

末端利用环节，"两网融合"有助于构建完整的再生资源产业链，减少了后端处理过程中的复杂性和污染风险，使得后续加工的成本相应降低，实现源头分类到终端利用形成闭环管理。对低值可回收物而言，"两网融合"为其经济回收找到了更多出路。

在"两网融合"的背景下，再生资源回收与垃圾分类并不是孤立存在的，而是相互依存、彼此促进的关系。它们共同构建了一个更加高效、环保且可持续发展的废弃物管理体系[16]。

1.2.5　其他垃圾

1. 定义

根据《生活垃圾分类标志》（GB/T 19095—2019）中的定义，其他垃圾也可称为"干垃圾"，表示除可回收物、有害垃圾、厨余垃圾外的生活垃圾（图 1-14）。

目前我国生活垃圾分类工作尚处于起步阶段,其他垃圾中可能会包含可回收物、有害垃圾和厨余垃圾等。由于目前生活垃圾分类卓有成效的发达国家/地区的垃圾分类模式和统计口径同我国有差异,因此,此处将发达国家/地区进入末端处理厂(场)的生活垃圾视为其他垃圾。其他垃圾包括但不限于以下废物:①纸类、塑料类、玻璃类、金属类废物中不可回收的部分。②纺织类、木竹类废物中不可回收的部分,如拖把、抹布、牙签、一次性筷子、树枝等。③灰土类、砖瓦陶瓷类废物、其他混合垃圾,如清扫渣土、陶瓷碗碟、大块骨头、植物硬壳、枯花草等。

标志含义	白底黑图	基材底色图	白底彩图
其他垃圾	 其他垃圾 Residual Waste	 其他垃圾 Residual Waste	 其他垃圾 Residual Waste

图 1-14　其他垃圾标志[2]

2. 产量及组分特征

根据《中国统计年鉴》,2023 年我国生活垃圾清运量为 25407.8 万吨,除包含其他垃圾外,还包括厨余垃圾(分出的家庭厨余垃圾和餐厨垃圾)。前瞻网曾指出我国的其他垃圾占比超 45%,以此估算 2023 年我国其他垃圾产生量超过11433.51 万吨。世界范围内,其他垃圾的定义不尽相同,但通常指混合废弃物。例如,中国的其他垃圾是分拣出可回收物、厨余垃圾和有害垃圾之后剩余的废弃物,德国的其他垃圾是分拣出 7 类废弃物之后剩余的废弃物,日本的其他垃圾是包含厨余垃圾在内的可燃废弃物,而美国的其他垃圾主要是送往垃圾填埋场的剩余废弃物。目前我国生活垃圾主要采用“四分法”进行分类,分类模式有别于发达国家/地区。综上所述,此处将发达国家/地区进入末端处理厂(场),如生活垃圾焚烧厂和填埋场的生活垃圾视为其他垃圾。我国同部分国家/地区的其他垃圾组分具体见表 1-5。

表 1-5 其他垃圾组分   %

国家/地区	厨余垃圾	纸类	塑料	木竹	织物	玻璃	金属	其他
中国（北京）	53.89	18.17	17.55	2.17	1.42	1.82	0.39	4.60
中国（上海）	12.04	24.75	47.49	8.36	4.35	2.68	—	0.33
中国（上海）	47.52	14.86	28.81	5.14	2.39	1.08	0.20	—
中国（深圳）	20.79	22.71	21.13	10.07	18.97	0.00	0.00	6.27
台北（中国台湾）	41.96	38.26	13.64	1.68	3.99	—	—	0.47
台中（中国台湾）	39.91	38.03	15.78	1.29	4.19	—	—	0.82
台南（中国台湾）	38.98	35.77	18.70	1.44	4.64	—	—	0.47
韩国（A 厂）	20.0	32.0	28.6	9.2	3.2	—	—	7.1
韩国（B 厂）	26.6	36.9	21.6	4.3	6.5	—	—	4.1
日本	12.47	48.26	24.19	9.79	—	—	—	6.17
美国	21.6	23.1	12.2	18.3	8.9	4.2	8.8	2.9
德国	30.00	24.00	13.00	2.00	4.00	7.00	4.00	16.00
丹麦	41.3	28.3	16.1	5.4	1.5	1.6	2.8	3
欧洲	35	20	11	22	4	5	3	0

注：表中深圳的其他类中包括 4.53% 的灰土、1.74% 的混合物。台湾省的木竹类为绿化垃圾，织物为纺织品和皮革类。韩国的塑料类包括塑料和乙烯基/橡胶类废物；其他类为惰性废物（如建筑拆除废料、天然岩石、玻璃等）。日本的纸类包括纸和布类；塑料为塑料、合成树脂、橡胶和皮革类；木竹类为木质类、竹材类和秸秆类废弃物；其他类包括 2.39% 的不可燃类和 3.78% 的其他类。美国的织物类包括橡胶类、皮革类和纺织品类。木竹类包括木材和园林废弃物。德国的厨余垃圾中为易腐垃圾的组分，纸类为纸和硬纸板，金属包含黑色金属和有色金属，其他类中包括 11.00% 的其他类、2.00% 的可燃垃圾（不可生物降解的废物）和 3.00% 的不可燃垃圾（电池和蓄电池）。丹麦和欧洲的其他类为不可燃垃圾。

表 1-5 呈现了中国部分城市（如上海和深圳）、台湾省（台北、台中、台南）、韩国、日本、美国、德国、丹麦以及欧洲部分国家其他垃圾的组分状况。由于生活垃圾的非均质性较为突出，不同研究中上海市的其他垃圾组分中的厨余垃圾占比有所差异，纸类占比在一定范围，塑料占比较高，木竹、织物、玻璃、金属等也各占一定比例，这与当地居民生活习惯、消费水平及垃圾分类政策实施程度相关。深圳市的其他垃圾中厨余垃圾、纸类、塑料等占比不同，其织物占比较高，这可能受产业结构、人口流动特点影响。台湾省的台北、台中和台南的不同垃圾组分的占比相差不大，厨余垃圾占比较高，纸类、塑料等占比也呈现一定范围，与当地饮食文化、消费模式及资源回收体系有关。韩国的其他垃圾中各组分占比受制造业发达等因素影响，厨余、纸类、塑料等占比有其特点。日本的其他垃圾中纸类占比最高，厨余垃圾占比相对较低，这得益于其严格的垃圾分类制度和居民较强的分类回收意识。美国的其他垃圾组分受地广人稀、家庭庭院多等因素影响，木竹类占比较高，其他组分也体现其消费文化和工业生产特点。

德国的其他垃圾组分受其完善的垃圾分类和资源回收体系影响，厨余垃圾等占比合理，可回收物在其他垃圾中占比相对较低。丹麦（全国）和欧洲的其他垃圾组分反映了当地生活方式、产业结构及环保政策的综合影响，如欧洲部分国家木竹类垃圾占比高可能与分类处理方式有关。总之，各国/地区其他垃圾组分差异源于多种因素，了解这些有助于制订垃圾处理和资源回收利用方案，且随着环保重视程度提高，垃圾组分可能因政策和居民意识变化而改变，未来需持续关注研究。

3. 资源化利用途径

目前，国内外有关其他垃圾的资源化利用路径主要包括焚烧（此处指带有电和/或热能回收的焚烧处理）、填埋（此处指配套填埋气收集和发电的填埋处置）、制备衍生燃料（RDF）、热解/气化、水泥窑协同处置和等离子体处理等（图 1-15）。具体来看，我国的其他垃圾主要以焚烧或能源化利用的方式进行资源化，尤其是在城市化程度较高的东部沿海城市。2023 年，我国生活垃圾焚烧

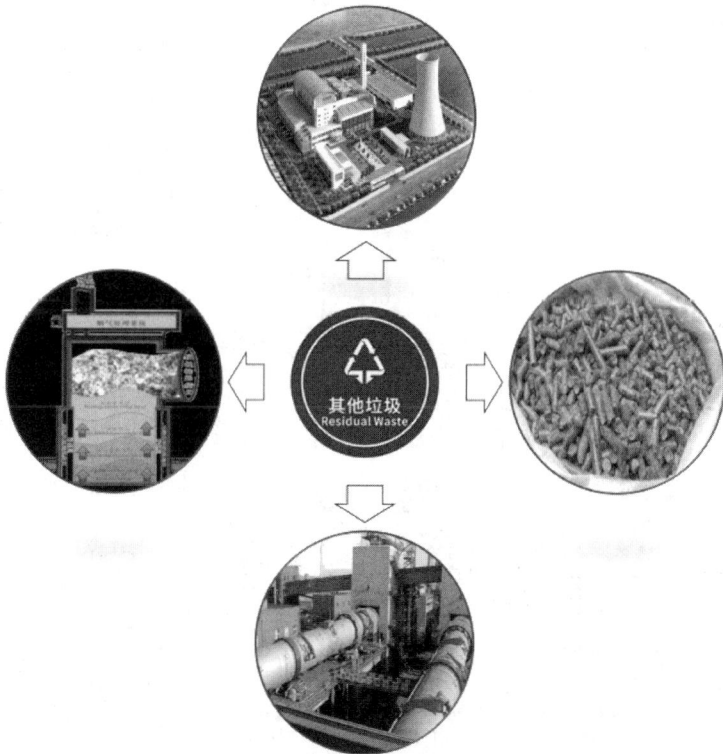

图 1-15　其他垃圾典型热化学处理技术

占无害化处理的比例为82.5%。焚烧过程产生的余热用于发电和供热。一部分焚烧产物(如炉渣或称底灰)可进一步用作建材原料。近年来,我国生活垃圾的填埋处置比例逐年降低,作为一种"兜底""应急"的处置方式,2023年我国生活垃圾填埋占比仅为7.45%。垃圾分解产生的填埋气(以甲烷为主)被收集并用于发电。填埋气的收集不仅减少了温室气体排放,还提供了可再生能源。如北京、上海和深圳等地的填埋场均配备了填埋气收集和发电系统,这进一步提高了垃圾填埋的资源化效率。

上述典型的热化学处理技术具体如下:

(1) 焚烧

其他垃圾的焚烧过程是一系列复杂的物理变化和化学反应过程,通常可分为干燥、热分解和燃烧三个阶段。燃烧过程实际上是干燥脱水、热化学分解和氧化还原反应的综合利用过程。焚烧过程会释放出大量热量,即焚烧余热,目前一般通过能量再转换等形式加以回收利用。目前,焚烧处理的热利用形式主要包括直接热能利用(回收热量,如热气体、蒸汽、热水)、余热发电和热电联用。其中小型焚烧设施的热利用形式以通过热交换产生热水为主,而大型焚烧装置则以直接利用蒸汽,尤其是直接发电为主。其他垃圾焚烧工艺流程如图1-16所示。

图1-16　焚烧工艺流程

（2）热解/气化

热解/气化是在缺氧或无氧条件下对其他垃圾进行加热处理的技术。垃圾进入热解/气化炉后,在特定的温度和压力条件下发生热解反应,有机物被分解为气态、液态和固态产物。气态产物主要包括氢气、一氧化碳、甲烷等可燃气体,这些气体可经过净化处理后作为燃料使用,如用于发电、供热或作为化工原料生产合成气等。液态产物如焦油等,可进一步提炼加工为化工产品或燃料油。固态产物主要是炭渣,其具有一定的吸附性,可用于污水处理中的吸附剂,或者经过加工制成活性炭等产品,用于空气净化、工业脱色等领域,从而实现其他垃圾的多途径资源化利用。其他垃圾热解/气化工艺流程如图 1-17 所示。

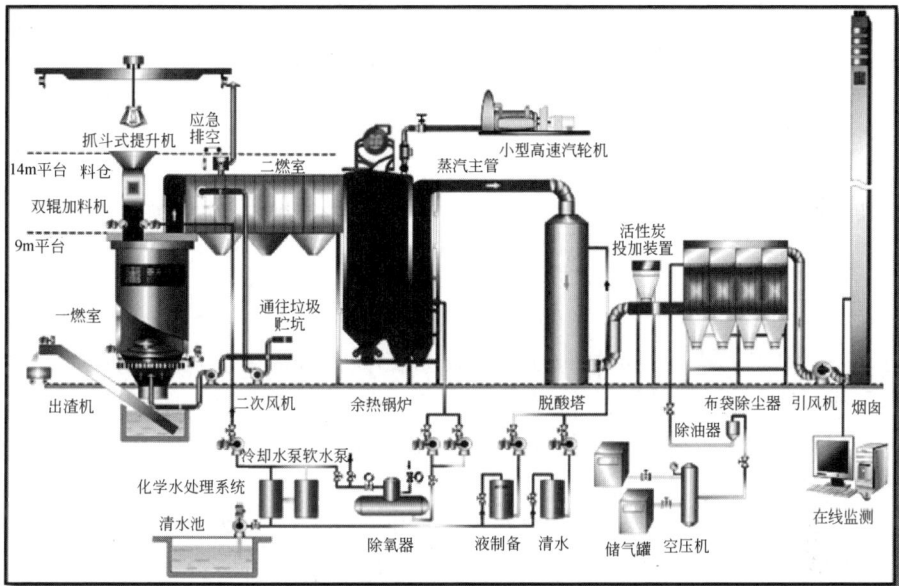

图 1-17　热解/气化工艺流程

（3）水泥窑协同处置

其他垃圾进入水泥窑系统后,可替代部分传统燃料和原料。在水泥生产过程中,垃圾在水泥窑内高温焚烧,其中的有机成分燃烧提供热能,有助于水泥熟料的煅烧,减少了对煤炭等传统燃料的依赖,降低了生产成本。同时,垃圾中的一些无机成分,如金属氧化物等,会与水泥原料发生化学反应,成为水泥熟料的一部分,融入水泥产品中,提高了资源的利用率。在整个处置过程中,水泥窑的高温和碱性环境能够有效分解垃圾中的有害物质,减少二噁英等污染物的排放,确保环境安全,实现了其他垃圾在水泥生产领域的资源化与无害化协同处置。其他垃圾水泥窑协同处置流程如图 1-18 所示。

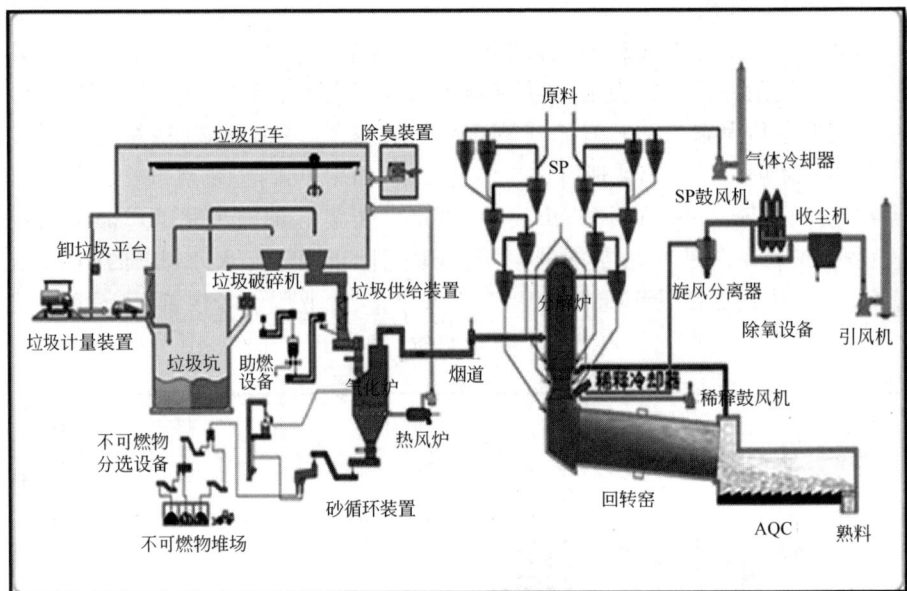

图 1-18　水泥窑协同处置工艺流程

（4）制备垃圾衍生燃料（RDF）

制备 RDF 首先需要进行预处理。通过破碎、分选等工艺，去除其中的大件杂质和不适合作为燃料的物质。然后，将筛选后的垃圾进行干燥处理，调整其水分含量，以提高燃烧性能。接着，对处理后的垃圾进行压缩成型，制成具有一定形状和密度的 RDF 产品。RDF 可作为燃料应用于多种燃烧设备，如专门的 RDF 焚烧炉、水泥厂协同处置系统和火力发电厂等。在燃烧过程中，RDF 释放出热能，可转化为电能或热能进行利用，从而实现其他垃圾从废弃物到能源资源的转化，提高了其他垃圾的资源化利用价值，并有助于减少对传统化石能源的消耗。其他垃圾制备 RDF 工艺流程如图 1-19 所示。

4. 全过程管理模式

垃圾分类已于 2019 年在全国地级及以上城市全面开展，目前正在有序推行垃圾分类政策。其他垃圾通常由环卫部门或专业的垃圾收运公司配置相应的垃圾收集车辆，按照一定的时间和路线进行收集（图 1-20）。居民小区会设置专门的其他垃圾投放点，居民将垃圾投放到指定垃圾桶后，由垃圾收集车定时清运。

在转运环节，垃圾收集车会将收集到的其他垃圾运输至垃圾中转站。中转站一般会配备压缩设备，对垃圾进行压缩处理，以减少垃圾的体积，提高运输效

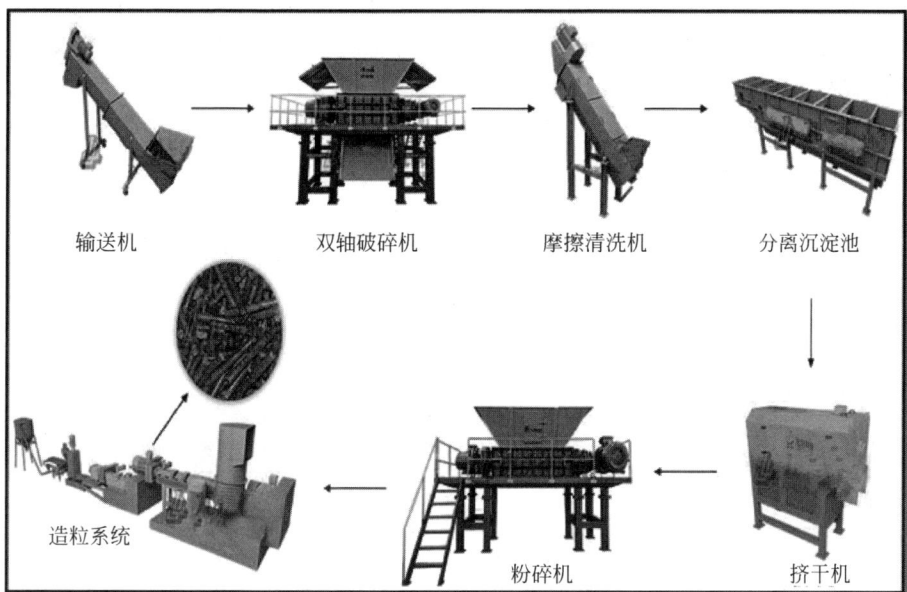

图 1-19 制备 RDF 工艺流程

图 1-20 其他垃圾管理过程管理模式

率,降低运输成本。之后,再通过大型垃圾转运车将压缩后的垃圾运往垃圾处理厂(场)。随着中国政府政策的支持,焚烧已成为主流处理工艺,现已形成了"焚烧为主,填埋兜底"的终端处理格局,实现垃圾的减量化和资源化。此外,还有一些地区在探索其他垃圾的综合处理技术,如垃圾分类回收利用、垃圾衍生燃料制备等,以提高其他垃圾的资源利用率和处理效率。

目前,我国已有不少大城市通过大数据信息化智慧监管手段实现了生活垃圾全过程数字化监管。以上海市和苏州市的其他垃圾全过程管理模式为例。上海市一直以来都是我国生活垃圾管理的先进代表,同时也是我国首个推行生活垃圾强制分类的城市。目前上海已进入生活垃圾智慧管理新阶段——全链条、全覆盖、全追溯、全监管。具体来看,前端通过宣传教育提升居民分类意识并设置分类投放设施;中端上线生活垃圾分类运输处置"智慧物流"系统,涵盖中转站管理系统与智慧物流主系统,精细化调度各环节;末端构建老港基地等末端设施提升规模与技术水平,实现原生生活垃圾"零填埋"。苏州全市5354个居民小区推行"三定一督"模式,在前端不少小区通过称重设备、视频监控采集源头数据与识别投放行为;中端构建"不同队伍、车辆、频次、去向"的收运体系,借助"信息化+智能化"双管理模式,线上签约收运服务并实时监控;末端建成包括6座垃圾焚烧设施在内的处理设施,依托信息化智能监测运行工况与环境数据。

1.2.6　有害垃圾

1. 定义

根据《城市生活垃圾分类及其评价标准》(CJJ/T 102—2004)中的规定,有害垃圾指垃圾中对人体健康或自然环境造成直接或潜在危害的物质,包括废日用电子产品、废油漆、废灯管、废日用化学品和过期药品等[17]。

根据《生活垃圾分类标志》(GB/T 19095—2022)中的规定,有害垃圾指《国家危险废物名录》中的家庭源危险废物,包括灯管、家用化学品和电池等,图1-21为该标准中有害垃圾的一类标志[18]。

标志含义	白底黑图	基材底色图	白底彩图
有害垃圾	 有害垃圾 Hazardous Waste	 有害垃圾 Hazardous Waste	 有害垃圾 Hazardous Waste

图1-21　有害垃圾标志[18]

生活垃圾中主要有害垃圾名录见表1-6,包含8种主要有害垃圾及其分拣后的危险废物类型和代码。

表 1-6　生活垃圾中主要有害垃圾名录[19]

有害垃圾名称	分拣后的危险废物类别	废物代码
废镍镉电池和废氧化汞电池	HW49	900-044-49
废荧光灯管	HW29	900-023-29
废弃药品及其包装物	HW03	900-002-03
废油漆和溶剂及其包装物	HW49	900-041-49
废矿物油及其包装物	HW08	900-249-08
废含汞温度计、废含汞血压计	HW29	900-024-29
废杀虫剂、消毒剂及其包装物	HW49	900-041-49
废胶片及废相纸	HW16	900-019-16

2. 产量及组分特征

1) 有害垃圾产量

在生活垃圾定义中剔除了家电等大件产品废物,余下的有害垃圾中电子器件的电池占据主要地位。结合不同电子器件数量和对应电子器件电池使用寿命,通过测算得到了 2011—2020 年有害垃圾产生量规模变动情况。如图 1-22 所示,2017—2018 年我国电子器件电池产生的有害垃圾规模基本到达顶峰,2018 年之后,有害垃圾的产生量呈现下降趋势,2020 年我国有害垃圾产生量规模约为 42.23 万吨,同比下降 11.37%[20]。

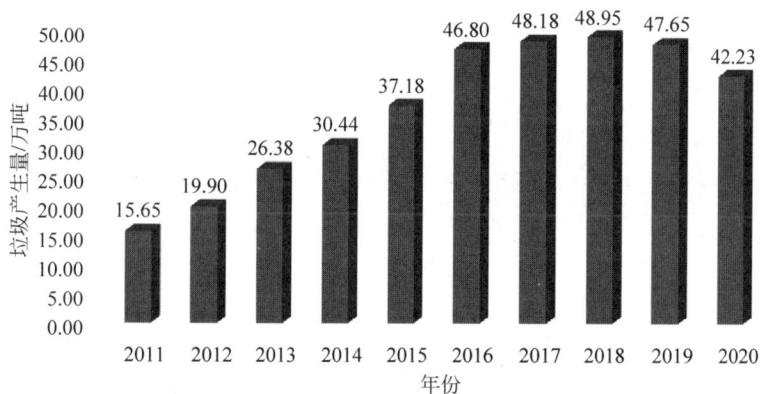

图 1-22　2011—2020 年中国有害垃圾产生量

2) 组分特征

(1) 重金属成分显著。有害垃圾常包含多种重金属元素。以废电池为例,其中汞、镉、铅等重金属含量较高,重金属富集会对人体造成不同程度的损伤。

（2）有毒有害物质富集。有害垃圾富含有毒有害物质。废荧光灯管与废灯泡中的汞蒸气,在灯管破裂或废弃后,会逸散至周围环境。废油漆桶、废溶剂及其包装物所残留的苯、甲苯等有机溶剂,具有挥发性与毒性。过期药品所含的复杂化学成分在自然环境中难以降解,不仅可能污染土壤与水源,改变其理化性质,还可能因非法回收利用而重新流入市场,对公众健康构成潜在威胁。

（3）腐蚀性特质明显。部分有害垃圾呈现出明显的腐蚀性。废酸、废碱等化学物质,其化学性质活泼,具有较强的酸碱腐蚀性。若未经妥善处理而直接排放或丢弃,会对土壤的理化性质产生严重破坏,进而抑制植物生长甚至造成植物死亡。在水体环境中,废酸、废碱会改变水体的 pH 值,影响水生生物的生存环境,破坏水生生态系统的平衡与稳定。

（4）存在易燃易爆风险。某些有害垃圾具备易燃易爆特性。废杀虫剂、消毒剂的气雾剂、喷雾剂包装物内,常含有易燃、易爆的化学成分。这些物质在高温、高压、摩擦、明火等特定条件下,极易发生剧烈的化学反应,瞬间释放大量能量,引发爆炸或燃烧现象。

（5）可能携带病原体。部分有害垃圾存在携带病原体的可能性。过期药品在储存过程中可能因受潮、变质等原因滋生细菌、病毒等病原体。使用过的针筒等医疗废物,若未经过专业的消毒与安全处理,其残留的血液、组织液等体液中可能携带多种致病病原体。这些病原体在垃圾堆放或处置过程中,可通过空气、水体、土壤等媒介传播,对周围环境造成污染,增加人畜感染疾病的风险。

3. 资源化利用途径

由于生活源的有害垃圾主要包括废电池、废荧光灯管、废电子电器产品等,因此其资源化利用途径按照主要有害垃圾种类进行介绍。

废电池:废旧电池中含有铅、镍、镉、锂、钴等金属,铅酸电池可通过专业拆解及冶金工艺,回收铅用于新电池生产;锂离子电池经破碎、分离、酸浸出等化学方法,提取锂和钴等金属离子,再经沉淀、萃取、电解等步骤实现回收,回收后的金属可重新用于电池制造等工业用途。

废电子电器产品:电子电器废弃物中含大量贵金属和有色金属,废弃电路板采用机械破碎后,经重力分选、磁选和静电分选等物理方法,可分离出铜、金、银等金属,用于电子工业原材料再生。

废灯管:废灯管破碎后,其中的汞可经高温蒸发再冷凝回收利用;荧光粉经化学处理后形成新的荧光粉,用于新荧光灯制造;分离后的玻璃和金属也可回收利用。

4. 全过程(收转运、处理)管理模式

为有效应对有害垃圾处理问题,建立科学、完善的有害垃圾全过程管理模式至关重要。如图 1-23 所示,有害垃圾的全过程管理模式涵盖从源头收集到终端处置的各个环节,通过严格的规范和合理的流程,确保有害垃圾得到安全、妥善的处理,最大限度降低其对环境的负面影响。

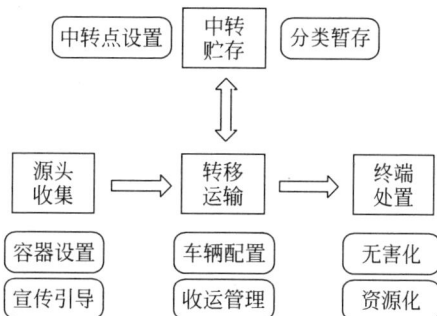

图 1-23　有害垃圾全过程管理模式

(1) 源头收集:在有害垃圾管理体系中,源头收集是至关重要的环节,其效果直接决定后续处理流程的顺畅性与有效性。科学的收集规划有助于准确分流有害垃圾,为后续无害化处理和资源化利用奠定基础。

① 容器设置:各居民小区和单位应根据实际,合理设置有害垃圾收集容器,投放容器标识应当清晰醒目、易于辨识,并符合有关规范;在投放点设置分类指引牌,明确投放方法和投放时间,引导居民正确投放、定点定时投放[21]。

② 宣传引导:做好居民与单位职工的告知、宣传教育工作,引导居民和单位职工将有害垃圾分类投放至相应的收集容器,严禁将有害垃圾混入其他类别生活垃圾。落实分类驳运及收集工作,产生有害垃圾的小区和单位的分类投放管理责任人,负责将本管理区域内有害垃圾收集容器内的有害垃圾分类驳运至环卫作业单位生活垃圾收运点[19]。

(2) 中转贮存:中转贮存作为过渡环节,负责从收集点到处理设施的资源整合与暂存管理。通过规范中转点建设和分类暂存管理,确保有害垃圾在中转过程中不发生二次污染,并为后续处理提供保障。

① 中转点设置:各区县应根据有害垃圾产生量及垃圾分类投放点分布情况,规范设置有害垃圾集中中转点,并满足空间封闭、防雨防晒、防渗防漏等要求,安排专人管理。

② 分类暂存:有害垃圾运送至集中中转点时,管理责任人员应现场对有害垃圾按类分拣,分区暂存,建立管理台账,计量后做好台账登记[22]。

(3) 转移运输:转移运输确保有害垃圾安全高效地从中转站送至处置设施。采用专用运输车辆并规范收运流程,确保运输过程中的环境风险可控且信息可追溯。

① 车辆配置:有害垃圾应由具备条件的作业单位使用专用车辆负责收运,

专用车辆应按照密闭运输的要求配置,并喷涂有害垃圾分类标识,在车厢内部配置缓冲设备或材料,防止有害垃圾在运输过程中破损。

② 收运管理:有害垃圾实行定期或预约收运,收运作业单位应做好收运台账记录,并执行危险废物转移联单制度。居民小区产生的有害垃圾实行免费收运,单位有害垃圾按照"定额内免费、定额外付费"的原则收运;有害垃圾收运交付时,现场需对有害垃圾进行计量,并通过信息化平台登记,交付双方确认信息无误[19]。

(4)终端处置:终端处置是有害垃圾管理的最终环节,利用先进技术深度处理垃圾,降低对环境的危害,并尽可能回收资源,实现环境保护与资源循环的双重目标。

有害垃圾集中中转点的有害垃圾积存满一定量后,需根据转移处置协议交由具备危险废物经营许可资质的专业企业进行处置,并严格执行危险废物转移联单制度。县级以上环境卫生主管部门可通过招标等方式选择具备资质的危险废物经营单位负责本辖区有害垃圾的处理业务,鼓励依托现有的危险废物小微收集企业承接有害垃圾收集处置业务,并签订处理合同,保障有害垃圾处理经费[21]。

1.3 大件垃圾

1.3.1 定义

大件垃圾通常是指日常生活中产生的体积较大、整体性强,需要拆分后再进行资源化利用或无害化处置的废弃物品,通常包括废家用电器和家具等。

大件垃圾属《城市生活垃圾分类及其评价标准》(CJJ/T 102−2004)所规定的六类城市生活垃圾之一。《大件垃圾收集和利用技术要求》(GB/T 25175−2010)所定义的大件垃圾指质量超过 5 kg 或体积大于 0.2 m³ 或长度超过 1 m 且整体性强而需要拆解后再利用或处理的废弃物(表 1-7)。

表 1-7 大件垃圾分类

分 类	内 容
废旧家具	主要包括床架、床垫、沙发、桌子、椅子、衣柜、书柜等具有坐卧以及贮藏、间隔等功能的废旧生活和办公器具,包括制作家具的材料等
家用电器和电子产品	家用电器:电视机、电冰箱/柜、空调、洗衣机、吸尘器、微波炉、电饭煲、烤箱、热水器等 电子产品:计算机、打印机、复印机等
其他大件垃圾	厨房用具、卫生用具以及陶瓷、玻璃、金属、橡胶、皮革、装饰板等不同材料制成的各种大件物品

1.3.2 产量及组分特征

大件垃圾主要来源于居民日常置换新家具家电、租房流动后废弃旧家具家电及房地产新建等活动,其产量受社会、经济、习俗、季节等因素影响,具有较明显的波动性。据中国家用电器协会统计,全国电视机、洗衣机、电冰箱、空调、计算机五大类家用电器的年报废量超过 1.5 亿台,各类电子废弃物每年的产生量高达 820 万吨,且以每年 3%～5% 的速率增长。通常而言,大件垃圾占生活垃圾总产量的 2%～3%。张玉等根据西安市大件垃圾实地调研结果,在综合考虑大件垃圾的收集效率和社会回收的基础上推测大件垃圾实际处理量一般不足产生量的 50%。由于家电类大件垃圾通常可被回收利用,进入垃圾处理系统的大件垃圾以家具类,如床垫、床架、沙发、桌椅和衣柜等为主,占生活垃圾总产量的 0.5%～2%。黄淑娟等的调研结果表明人均大件垃圾产生量为 0.030～0.059 kg/d(表 1-8)[23]。

表 1-8 大件垃圾人均日产生量统计

类　　型	人均产生量/(kg/d)
商品房小区	0.030
机关单位小区	0.051
学校小区	0.058
城中村(社区)小区	0.059
平均	0.017

大件垃圾和一般的生活垃圾相比,具有以下显著的特征:

(1)体积大、质量大。大件垃圾的体积要远大于一般的生活垃圾,质量也远比一般的生活垃圾大。大件垃圾搬运、移动都不方便。现在很多垃圾运输车也还无法压缩、运送大件垃圾。

(2)坚固、整体性强。大件垃圾一般是由坚固的材料,如金属、木板、塑料等组成。家用电器、家具等大件垃圾往往呈现出规则的立体形状,一般环境下很难改变其形状、性质。大件垃圾处理过程相对一般生活垃圾更困难、复杂。

(3)组成成分复杂。大件垃圾组成成分复杂。如家具主要是由木材、塑料、玻璃、皮革、五金等材料组成,而家电的组成成分不仅包括木材、塑料、玻璃、皮革、五金等材料,还包括各种金属材料。

(4)污染隐患大。大件垃圾中的木材、玻璃、陶瓷以及铜铁铝等常见金属一般不会对环境产生太大的影响。但是废旧家用电器等大件垃圾的组成成分复杂,每一个电子元器件或部件都是由几十种到上千种材料制成,其中含有许多有毒有害物质,如果不能妥善地处理,将会对人类以及环境造成极大的危害。如在电器设备中大量使用的 PVC 塑料在一定温度下燃烧会产生二噁英类物质,对生物体危害严重,极易致癌。电路板中的各类重金属,会导致诸多器官损伤。冰箱、空调中的制冷剂具有强烈的温室效应。

1.3.3 资源化利用途径

大件垃圾先由人工进行简单分拣,再对分拣后的物料进行机械破碎。经破碎后的物料经二次分选后分类回收利用。例如,废弃铁丝、金属制品等运往后续各类金属再生资源回收企业再生利用,部分海绵通过破碎、洗涤、干燥等工序去除杂质和污染物,并经过一定加工处理,得到再生海绵,部分木材经造粒黏合后形成板材,剩余难以利用的可燃组分如织物、皮革、木材等作为其他垃圾清运处置,通常运往焚烧发电厂进行处置并回收其中所包含的能量(图 1-24)。

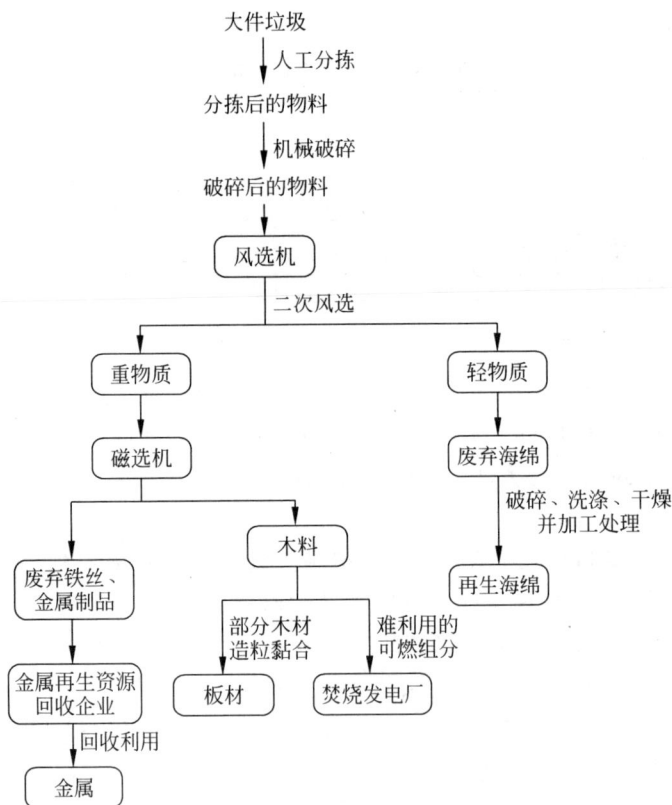

图 1-24 大件垃圾资源化处理路径

1.3.4 全过程管理模式

大件垃圾的回收系统主要由收集、运输、处理 3 部分组成。

收集阶段,主要以预约上门收集和自行送至处理中心两种收集方式为主。部分条件较好的小区由物业在小区内设置大件垃圾存放点,达到一定数量后预约清运;未设置大件垃圾存放点的小区或其他产生大件垃圾的主体单位,可自行清运至各区大件垃圾拆分中心,也可通过电话或其他方式进行预约清运;无主大件垃圾由物业、街道负责清运至投放点。

运输阶段,即由存放点运至大件垃圾拆分中心的阶段,一般由具有资质的清运公司或拆分中心的清运车辆,统一将辖区内大件垃圾集中运至大件垃圾拆解设施进行处理。部分街道设置中转点,将大件垃圾运至中转点后再转运至区级的拆解设施进行处理。

处理阶段,大件垃圾在拆解设施经拆解处理后纳入下游再生资源利用体系和环卫无害化系统处理(图 1-25)[24]。

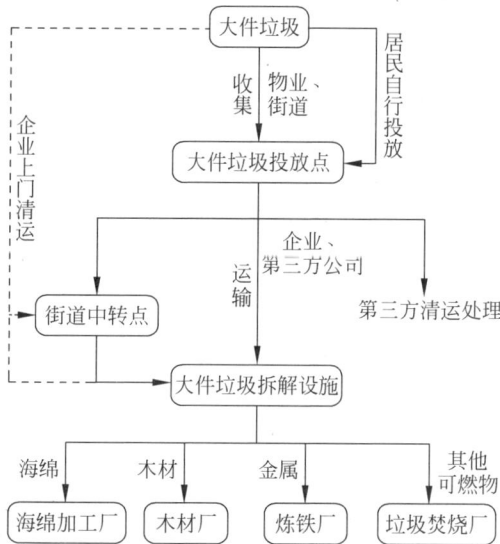

图 1-25 大件垃圾收运处理流程

实际运行中不同管理方式都各具优缺点。收运处理的模式应根据当地的现阶段收运处理情况、规划要求、社会经济发展状况等具体分析,并综合权衡,构建最合理的收运处理体系(表 1-9)。

表 1-9　大件垃圾不同收运方式优缺点对比分析

阶段	方式	行为主体	概　述	优　点	缺　点
收集	预约上门收集	居民＋清运公司	居民采用网上或电话预约,经系统决策优化时间、路线后,由清运公司上门收集	优化时间、路线后可减少收运成本;相关信息可有效沟通、汇总及反馈;居民可随时随地预约,较为方便	需要前期投入大量的宣传教育工作,教会居民使用网上或电话预约平台;信息系统需不断维护及完善
		小区/街道＋清运公司	居民将大件垃圾统一放置于小区/街道的堆放点,由小区、街道通过预约系统进行预约	以小区/街道为单位方便管理和培训,无须大面积宣传教育工作;收集时只需去固定堆放点,无须挨家挨户收集,有效提高效率,节约成本	需要居民有较强的自觉性将大件垃圾送至小区/街道;信息系统需不断维护及完善
	自己运送	居民	居民自己开车送至集散点或资源回收中心,国外大件垃圾收集多采用该方式	对于有车的家庭来说比较有可行性;节约收运成本	中国与国外的情况不同,人均汽车保有量远不及国外,且居民普遍环保意识、自觉性不高,可行性较小
		小区/街道	由小区/街道租赁运输车负责统一清运	相比居民自己运送,可行性、可操作性提高	需要小区/街道具有一定规模,有能力负责清运;小区/街道须设专人对堆放点进行管理;不便于清运车辆的统一管理
	清运公司定时定点清运	小区/街道＋清运公司	小区/街道设置临时堆放点,居民将大件垃圾送至堆放点,由清运公司定时定点收集	相比居民自己运送,可行性、可操作性稍高,国内目前普遍采用该方法	定时定点会有"空载"的现象,效率较低,安排不够合理,在一定程度上浪费了人力物力
运输	清运公司清运	清运公司	从集散点由具有资质的清运公司统一运至资源回收中心	集约化运营有利于车辆的统一管理和调配;便于规范大件垃圾的管理	需对清运公司长期监督和检查

续表

阶段	方式	行为主体	概　述	优　点	缺　点
处理	就地处理	资源回收中心	大件家具和家电就地拆解或破碎并资源化利用	减少外运成本	大件垃圾的资源化利用过程会给周围带来一定的环境问题；资源回收中心规模化的建设成本较高
	外运处理	资源回收中心	大件垃圾经过初步拆解或破碎后的所有产物外运纳入现有的环卫末端处理体系	无须大规模建厂	给现有的环卫末端处理体系带来很大的负担
	就地＋外运处理	资源回收中心	大件垃圾初步拆解或破碎后，一部分就地资源化利用，剩余的纳入现有的环卫末端处理体系	环境负面效应较小；无须大规模建厂；不会给环卫末端处理体系带来过大负担；一定程度上减少了外运成本，经济合理，科学高效	需严格控制外运处理部分所占比例，需有较详细的规划和管理规定

1.3.5　大件垃圾处理技术发展趋势

一是需要加强宣传提高垃圾分类的意识，规范居民分类行为，引导居民将大件垃圾单独分类；二是管理者需要完善大件垃圾收运系统建设，使收运系统覆盖更广泛的区域，提高大件垃圾收集率，使大件垃圾尽可能被收集并转运至处理设施集中处理；三是制定再加工大件垃圾的清单及技术，便于居民、大件垃圾处理厂工作人员判别可再加工的大件垃圾，从而在收运环节或是处理环节，将可以加工利用的大件家具单独分选出来，通过适当的再加工处理，使之恢复原有的功能，并通过二手交易市场进入使用者手中；四是创新大件垃圾的拆解技术和设备，提高大件垃圾破碎后物料分选的准确率。

1.4　园林垃圾

1.4.1　定义

园林垃圾也称园林绿化垃圾、园林绿化废弃物、绿化植物废弃物等，是有别于其他城市生活垃圾、建筑垃圾的一种城市固体废物。园林垃圾具有体积大、占地多、产出季节性强、全身是宝（富含纤维素、木质素等有机物质）、不含重金属等有毒有害物质等突出特点，具有较高的可利用价值与生态价值。

通过对现有标准尤其是地方标准的梳理研究（表1-10），在参考现有相关定义的基础上，本书对园林垃圾（garden waste）的定义界定为：城乡园林绿化养护管理过程中产生的花败、乔灌木及地被修剪物（间伐物）、拔除的杂草、废弃的盆栽等以及自然产生的枯枝落叶、因刮风下雪降雨等产生的植物残体、枝条等植物性废弃材料。

表 1-10 现有标准对园林垃圾的定义

表　　述	定　　义	出　　处
绿化植物废弃物（greenery waste）	绿化植物生长过程中自然更新产生的枯枝落叶废弃物或绿化养护过程中产生的乔灌木修剪物（间伐物）、草坪修剪物、花园和花坛内废弃花草以及杂草等植物性废弃材料	国标《绿化植物废弃物处置和应用技术规程》（GB/T 31755—2015）
城市绿色废弃物（green waste）	指在城市的生产、生活等活动中产生的植物性废弃物，具有高纤维素含量、高 C/N 比等性质	广州市地方标准《城市绿色废弃物循环利用技术通用规范》（DB 4401/T 200—2023）
园林绿化废弃物（garden waste）	园林绿化经营管理过程中所产生的枝干、落叶、草屑等植物残体	北京市地方标准《园林绿化废弃物堆肥技术规程》（DB 11/T 840—2011）
绿化植物废弃物（greenery waste）	指城市绿地或郊区林地中绿化植物自然或养护过程中所产生的乔灌木修剪物（间伐物）、草坪修剪物、杂草、落叶、枝条、花园和花坛内废弃花草等废弃物	上海市地方标准《绿化植物废弃物处置技术规范》（DB 31/T 404—2009）

近些年来，随着"园林城市"及"公园城市"建设的持续推进，我国加大了对城市园林绿化的投资力度。截至 2023 年年底，建成区绿地面积增长 2.88%，绿化覆盖率达 43.32%，人均公园绿地面积增加 0.36 m²，达到 15.65 m²。随着绿化面积的迅速扩大，城市园林绿化废弃物产量快速增加，园林绿化废弃物因含有丰富的有机物和营养物而不同于日常生活、医用、工业生产等垃圾。因此，园林绿化废弃物再利用已经成为各地政府与诸多研究者关心的问题。

1.4.2 产量及组分特征

城市园林垃圾主要产生源包括道路绿地与交通设施用地附属绿地(SG)、公园绿地(G1)、风景游憩绿地(EG1)、居住用地附属绿地(RG)、公共管理与公共服务设施用地附属绿地(AG)和生产绿地(EG4)等。城市园林垃圾主要种类包括园林绿化养护修剪物、绿地植物的自然凋落物、城市节庆日所用的盆花和绿植等、极端天气(如台风)影响下的植物残体等,具体主要包括树枝、树叶、枯枝落叶、残花等。根据绿地类型、季节的不同,园林垃圾组分也不相同,如道路与交通设施用地附属绿地以产生乔灌木修剪物、凋落物为主,公园绿地还包括草坪修剪物、花草残体等,若涉及河、湖、湿地等,还包含一定量水生植物。

园林垃圾具有体积大(收运成本高)、占地多、产出季节性强、全身是宝(富含纤维素、木质素等有机物质)、不含重金属等有毒有害物质等突出特点。园林垃圾根据气候、季节、绿地类型的不同以及绿地面积、绿化水平、养护管理和统计上的差异等,其产量、种类和特性也不相同。以 2017 年北京市朝阳区园林垃圾产量统计数据为例,各类园林垃圾产量较大的是夏季与秋季,一般 8 月出现峰值,秋季则包含大量落叶垃圾,如图 1-26 所示。刘晓文等[34]对重庆市主城九区的园林垃圾产量进行统计分析,得出重庆市主城各区的园林垃圾四季产生量波动较为不明显,分别为春季(3—5 月)30%、夏季(6—8 月)21%、秋季(9—11 月)31%、冬季(12—次年 2 月)18%,春秋两季产量相对夏冬较高。

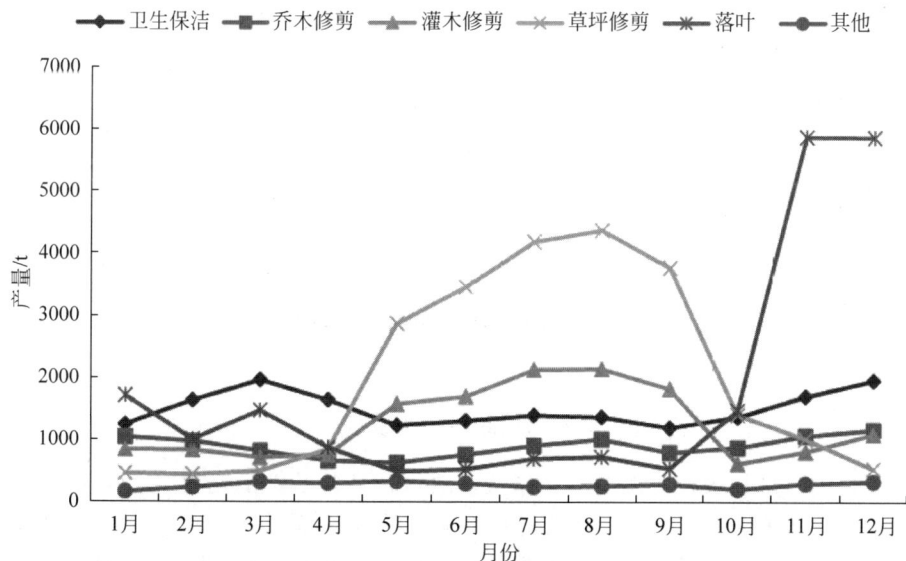

图 1-26 北京市朝阳区园林垃圾产生量情况

1.4.3 资源化利用途径

国外对于园林垃圾的分类收集、运输、处理和产品应用等已形成较为完善的运行管理体系,对我国园林垃圾资源化处理与利用具有重要的借鉴意义。第一,工作细致。各国均非常重视园林垃圾的分类收集,如英国严格管理园林垃圾收集,不允许混入非植物类垃圾和较粗的树枝修剪物等,严格、精细的分类收集有助于提升后续堆肥处理工作效率。日本的园林垃圾循环处理项目从产生来源、种类、可采取的处理方式和利用方式等各个层面清晰、精细、科学地开展设计并通过各项激励措施严格保障实施。第二,采取"集中+就地"处理模式。如美国、日本等一部分园林垃圾通过集中收集运输至处理厂堆肥处理,另一部分鼓励市民开展自制堆肥或是在学校、公园绿地内因地制宜配置处理设施处理园林垃圾,减缓集中处理厂处理压力,同时也可节约经济,减少收集、运输费用。第三,堆肥处理技术成熟,强化过程监管,且高度机械化。美国通过法规和技术规范详细规定了堆肥工艺各个环节的技术要点与控制管理要求。德国研发并应用了生物降解收集袋,用于收集、存放并初步降解园林垃圾。日本堆肥处理厂的高度机械化不仅节约人力成本,工作效率还得到大幅度提升。第四,产研用融合。既为园林垃圾科学处置提供基本保障,又为资源化产品打开了市场出路。例如,美国开展园林垃圾分类收集专项研究,基于人的需求等对收集路线、时间、方式等进行系统考虑,同时对资源化处理产品(有机肥、栽培基质等)给予价格补贴等激励。

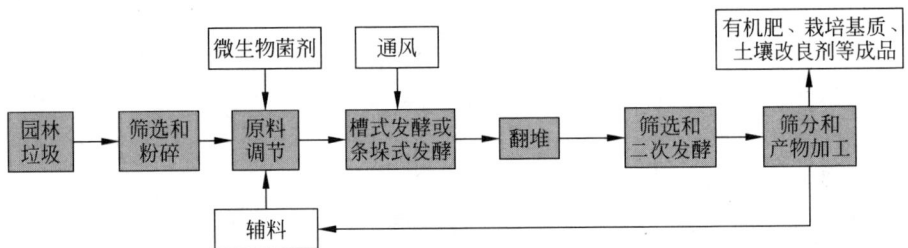

图 1-27　园林垃圾常规资源化处理路径

1.4.4 全过程(收转运、处理)管理模式

根据园林垃圾产生源的不同以及绿地是否具备条件预处理园林垃圾,收集运输方式主要包括 5 种:一是固定收集+就近运输,适用于城市综合性公园、动物园、植物园、园博园等或者大面积城市绿地(50 公顷以上)且附近有固定收集点和固定处理点的情况;二是固定收集+远途运输,适用于城市内社区公园、游

园等绿地且附近有固定收集点但没有固定处理点的情况;三是移动收集＋就近运输,适用于靠近大型公园绿地的带状绿地、道路绿地;四是移动收集＋远途运输,适用于建筑密集、较为分散且面积较小的园林绿地、城市 CBD 等完全不具备固定收集和就近处理的情况;五是季节性收集＋远途运输,适用于冬季、台风等园林垃圾产生高峰的特殊季节或时期。园林垃圾的收集设备分为移动式破碎设备、固定式破碎设备和压缩设备三类,可根据上述五种收运方式进行组合使用。园林垃圾全链条管理模式如图 1-28 所示。

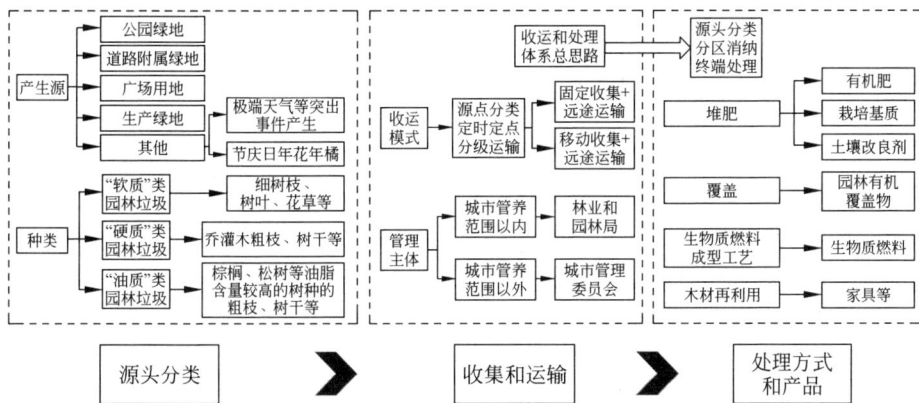

图 1-28 园林垃圾全链条管理模式

1.5 建筑垃圾

1.5.1 定义

中国城镇化进入高度发展时期,城市建设活动增多,随之而来的是产生大量的建筑垃圾,我国建筑垃圾在城市各类垃圾总量中占比最大,达到 40% 以上,其排放量已占据城市各类固体废物排放量榜首。

就现有政策、标准对建筑垃圾的定义进行梳理研究(表 1-11),从规范专业术语、着重源头分类管理的角度,本书对于建筑垃圾的定义参考行业标准执行,即建筑垃圾界定为"新建、扩建、改建和拆除各类建筑物、构筑物、管网等以及居民装饰装修过程中所产生的弃土、弃料及其他废弃物,不包括经检验、鉴定为危险废物的垃圾"。

表 1-11   现有标准对建筑垃圾的定义

表　述	定　义	出　处
建筑垃圾	城市中新建、扩建、改建及维修建、构筑物的施工现场所产生的建设废弃物	《城市垃圾产生源分类及垃圾排放》(CJ/T 3033—1996)[25]
	建设单位、施工单位新建、改建、扩建和拆除各类建筑物、管网等以及居民装饰装修房屋过程中所产生的弃土、弃料及其他废弃物	《城市建筑垃圾管理规定》(建设部令第 139 号)
	工程渣土、工程泥浆、工程垃圾、拆除垃圾和装修垃圾等的总称。包括新建、扩建、改建和拆除各类建筑物、构筑物、管网等以及居民装饰装修过程中所产生的弃土、弃料及其他废弃物,不包括经检验、鉴定为危险废物的垃圾	《建筑垃圾处理技术标准》(CJJ/T 134—2019)[26]
	新建、改建、扩建、拆除各类建筑物、构筑物和城市道路、公路施工等以及装饰装修房屋过程中所产生的弃土、弃料以及其他废弃物	北京地方标准《建筑垃圾运输车辆标识、监控和密闭技术要求》(DB11/T 1077—2020)[27]
	建设、施工单位或个人对各类建筑物、构筑物、管网等进行建设、铺设或拆除、修缮过程中所产生的渣土、弃土、弃料、淤泥及其他废弃物	百度词条

1.5.2　产量及组分特征

目前我国还没有建立建筑垃圾的统计制度,相关数据的缺乏导致关于我国建筑垃圾产生量预测的观点各不相同,但就我国建筑垃圾的产量应该在十亿吨数量级已基本达成共识。有报道称,2023 年全国年建筑垃圾产生量在 35 亿吨左右;而中国城市环境卫生协会、中商产业研究院等单位的统计数据显示[28],2023 年我国建筑垃圾处理量约为 18.57 亿吨,预计到 2026 年其处理量将超过 20 亿吨,呈现逐年增加的趋势(图 1-29)。其中,以北京的建筑垃圾产量位居榜首,年产量超过 6000 万吨。

关于建筑垃圾的成分特点,本书根据专家学者的研究经验及行业标准的界定,将建筑垃圾主要分为工程渣土、工程泥浆、工程垃圾、拆除垃圾和装修垃圾五类。

(1) 工程渣土:各类建筑物、构筑物、管网等基础开挖过程中产生的弃土。

(2) 工程泥浆:钻孔桩基施工、地下连续墙施工、泥水盾构施工、水平定向钻及泥水顶管等施工产生的泥浆。

(3) 工程垃圾:各类建筑物、构筑物等建设过程中产生的弃料。

(4) 拆除垃圾:各类建筑物、构筑物等拆除过程中产生的弃料。

(5) 装修垃圾:装饰装修房屋过程中产生的废弃物。

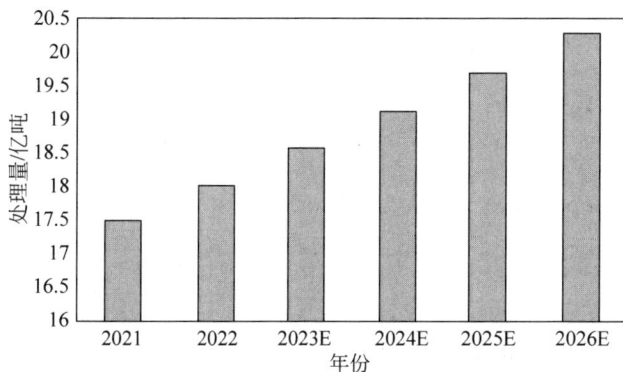

图 1-29 2021—2026 年我国建筑垃圾年处理量及预测
E 代表预估数值

上述前三类可统一归纳为新、改、扩建工程建设垃圾。各类建筑垃圾来源和典型成分如图 1-30 所示，而不同建筑垃圾的主要物理成分见表 1-12。

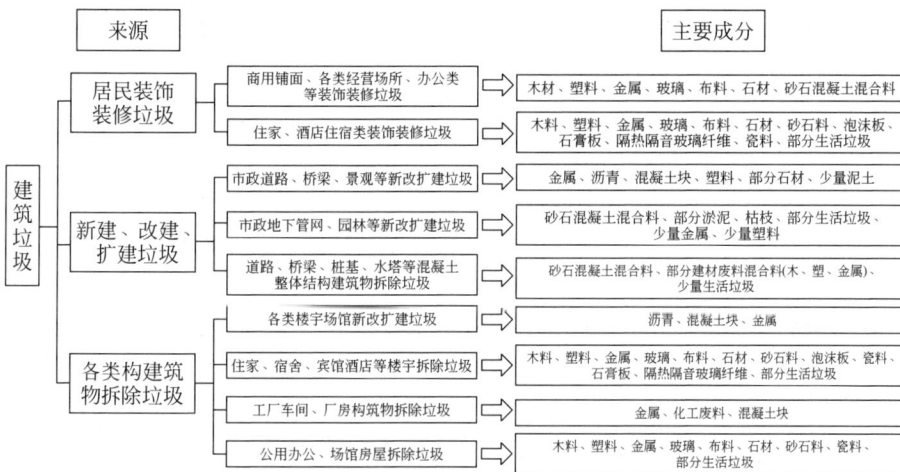

图 1-30 各类建筑垃圾来源及典型组成

表 1-12 各类建筑废弃物组分占比参考值 %

来源		砖类	混凝土类（含砂浆）	沥青混凝土类	轻质物类	金属类	渣土类	其他
拆除垃圾	砖混结构	55~70	17~32	—	0.5~1.0	0.5~1.0	7~10	5~8
	混凝土结构	6~28	60~75		1.0~1.5	1.0~1.5	5~8	5~8
装修垃圾		4~15	65~75		15~35	0.2~0.5	5~8	10~15
工程建设垃圾		10~20	80~90		2~5	1~2	3~8	3~6

1.5.3 资源化利用途径

当前,我国建筑垃圾的处置方法较为简单,多以露天堆放和填埋为主,例如,建筑垃圾填埋场或弃土场等,混凝土块堆叠成山、废弃物上随意堆积的现象层出不穷,"建筑垃圾围城"是我国许多经济发达城市面临的困境。建筑垃圾填埋或至弃土场,一方面,增加了运输成本,侵占土地资源;另一方面,在运输过程中和堆放时会产生有害物质,这会给城市环境带来负面影响。研究发现建筑垃圾在堆放十年后才会达到相对稳定的状态,虽然稳定后不再产生有害物质且不会对环境造成污染,但依旧会侵占土地资源,并持续产生环境问题。

目前我国建筑垃圾平均资源化率普遍认为不足 10%[29],而大中城市建筑垃圾循环利用率在 30%～50%,且循环利用主要针对附加值大的垃圾进行。相比之下,国外发达国家的建筑垃圾循环利用率已达 90%以上,说明我国的建筑垃圾综合利用水平与国外尚有很大差距。

建筑垃圾资源化方式多种多样,国内基于自身地域特点和项目需求情况,也形成了成熟的工艺路线和项目案例,其围绕不同的建筑垃圾类型,所涉及的几种主流的资源化方式如下。

1. 工程渣土的资源化方式

当前,各地区对工程渣土的处理普遍遵循就地转化原则,方式多样,包括区域内的土方调配平衡、多余渣土外运至指定地点填埋(弃土场)以及工程渣土资源化利用等。依据渣土中所含土壤类型及其组成物质的不同,资源化利用后的产品类型也多种多样,涵盖了用于场地铺垫或园林绿化的土壤、道路建设用的路基材料及无机结合料、加工制成的机制砂、以再生骨料为基础的混凝土及其预制件、再生骨料配制的砂浆、经过特殊工艺制成的陶粒与陶砂、通过烧结工艺获得的再生砖与砌块,以及非烧结工艺生产的再生砖、砌块和各种板材等最终产品。

2. 工程泥浆的资源化方式

施工过程中产生的工程泥浆多以现场脱水、固化处理、就地回填和绿化用土为主,集中处置进行深加工、再利用的则较少。工程泥浆由于含水率较高,转运集中资源化的运输成本偏高,降低了资源化路径的经济效益。工程泥浆的资源化方式包括生产再生骨料、砂浆和再生砖等。此外,经过适当调质,工程泥浆还可以成为优质的园林种植土壤、路基水稳材料和基层固化土壤。与其他渣土及污泥复配,可协同烧制陶粒。例如,在我国沿海地区,由于软土地基和黏土资源的缺乏,废弃泥浆经固化处理后用作路基土回填和制砖的资源化路线较多,烧制陶粒则相对较少。

3. 工程/拆除垃圾的资源化方式

影响建筑拆除垃圾组成的因素主要包括地理条件、建造和拆毁、建筑材料来源及构筑物的结构和使用历史等,其组成一般以混凝土块、碎砖块、渣土、竹木、砂浆、废钢筋为主,另外还含有一些塑料及包装物等可燃物成分。针对不同的组分部分,其资源化方式也不尽相同。

(1)将建筑垃圾经过初步清理,分拣出可回收的钢筋和木材,再把砖石、水泥混凝土块破碎成骨料,经过筛分,除去杂质,形成满足一定粒径要求的再生骨料。

(2)利用废砖瓦生产的再生骨料经过制砖机制成再生砖、砌块、墙板、地砖等建材制品。

(3)所包含的渣土可用于筑路施工、桩基填料、地基基础等。

(4)对于废弃木材类建筑垃圾,尚未明显破坏的木材可以直接再用于重建建筑,破损严重的木质构件可作为木质再生板材或造纸等的原材料。

(5)废弃路面沥青混合料可按适当比例直接用于再生沥青混凝土。

(6)废弃道路混凝土可加工成再生骨料用于配制再生混凝土。

(7)废钢材、废钢筋及其他废金属材料可进行金属资源化。

(8)以所分选、粉碎后剩余的淤泥、石粉为原料,通过添加其他各种原料和泥炭土,按一定的质量比例混合搅拌用作再生种植土,除具备天然土壤的特性外,还具备肥效高、透气好和保水强等特点。

4. 装修垃圾的资源化方式

装修垃圾的组分相对于拆除垃圾更为复杂,以泥沙砖石类惰性物为主,占比为 60%~70%,塑料、木材等可燃物比例要高于拆除垃圾,此外还有少量金属、电子器件等其他物质,故只有经过更烦琐的破碎和筛选工艺单元,才能产生高品质和高附加值的产品,这无疑增加了资源化的投入,影响了项目运营的稳定性和收益。目前装修垃圾的资源化产品主要是再生骨料和再生砌块(砖)(步道砖、护堤砖)及道路无机结合料等。

1.5.4 全过程(收转运、处理)管理模式

1. 国外建筑垃圾政策要求与管理实践

国外对建筑垃圾的研究相比我国提前了几十年,在 20 世纪 90 年代,日本、

美国、欧盟、新加坡等发达国家和地区开始对建筑垃圾综合处理及利用展开了研究,并意识到建筑垃圾资源化利用会带来很大的经济效益和环境效益,因此开始积极研究将建筑垃圾转化为再生产品的方式,在建筑垃圾管理、处理技术、法律法规、综合利用及建筑垃圾产业化发展等方面有了较为完善的研究。在制订建筑垃圾处理计划方面,这些国家也一直在积极探索,目前已经取得了一些成果值得我们借鉴和学习(表 1-13)。

表 1-13　国外建筑垃圾处理政策

序号	国家	法 规 名 称	主 要 内 容	主 要 特 点
1	德国	《废弃物处理法》《垃圾法》《支持可循环经济和保障对环境无破坏的垃圾处理法规》《循环经济和废物清除法》《在混凝土中采用再生骨料指南》	垃圾产生者或拥有者有义务回收利用;重新利用要作为处理垃圾的首选;垃圾进行分类保存和处理	最早开展循环经济立法,与垃圾处理有关的法规有 180 余个
2	英国	《建筑业可持续发展战略》《废弃物战略》《工业废弃物管理计划 2008》	2020 年建筑垃圾实现零填埋;投资超过 30 万英镑的建筑项目,将建筑垃圾从直接填埋转移出来	采用规章、经济和自愿协议相结合的方法,推动废弃物管理日常工作
3	美国	《固体废弃物处理法》《超级基金法》《污染预防法》	任何生产有工业废弃物的企业,必须自行妥善处理,不得擅自随意倾卸	工业废弃物产生企业须在源头上减少垃圾的产生
4	日本	《废弃物处理法》《资源有效利用促进法》《建筑再利用法》《建筑工程用资材再资源法》《关于建筑工地材料再资源化的法律》		规定垃圾资源化回收方式,在分类拆除和资源化利用方面明确各个主体的责任
5	新加坡	《绿色宏图 2012 废弃物减量行动计划》	新加坡在建筑垃圾方面十分完善,在 2012 年前建筑垃圾回收回用比率达到 98%,60% 的建筑垃圾实现循环利用	纳入验收指标体系;将建筑垃圾循环利用纳入绿色建筑标志认证
6	韩国	《建筑废弃物再生促进法》	①提高循环骨料建设现场的实际再利用率;②建筑废弃物减量化;③妥善处理建设废弃物	明确政府、企业的义务,明确建筑垃圾处理企业资本、规模、技术要求

2. 国内建筑垃圾政策要求与管理实践

"中华人民共和国国民经济和社会发展第十三个五年规划纲要"(以下简称"十三五"规划)对于中国建筑垃圾资源化行业而言极为重要,2016年2月,国务院发布的《关于进一步加强规划建设管理工作的若干意见》中强调营造城市宜居环境,加强垃圾综合治理,到2020年,力争将垃圾回收率提高到35%以上。可以说,2016年后,国家高度重视且频繁推出相关政策法规,为我国建筑垃圾资源化行业发展提供保障与支持。相关管理政策要求梳理见表1-14。

表1-14 我国建筑垃圾管理重要政策法规概况表

序号	时间	相关性文件	相关内容	发布部门
1	2023.8	《环境基础设施建设水平提升行动(2023—2025年)》	积极推进建筑垃圾分类及资源化利用,加快形成与城市发展需求相匹配的建筑垃圾处理设施体系	发改委
2	2022.7	《城乡建设领域碳达峰实施方案》	到2030年,建筑垃圾资源化利用率达到55%	发改委
3	2021.7	《"十四五"循环经济发展规划》	到2025年,循环性生产方式全面推行,建筑垃圾综合利用率达到60%	发改委
4	2020.9	《施工现场建筑垃圾减量化指导图册》	对施工现场建筑垃圾减量化相关要求进行了图文并茂的展示	住房和城乡建设部
5	2020.5	《施工现场建筑垃圾减量化指导手册(试行)》	明确了建筑垃圾减量化的总体要求、主要目标和具体措施	住房和城乡建设部
6	2020.5	《住房和城乡建设部关于推进建筑垃圾减量化的指导意见》	提出总体目标:2025年年底,各地区建筑垃圾减量化工作机制进一步完善	住房和城乡建设部
7	2020.4	《固体废物污染环境防治法》	再次强调"生产者责任制"和"生产者延伸制",建立综合利用体系,促进建筑垃圾循环利用	中华人民共和国
8	2018.4	《住房和城乡建设部关于开展建筑垃圾治理试点工作的通知》	在北京市等35个城市(区)开展建筑垃圾治理试点工作,并对于开展建筑垃圾资源化的单位,探索出台奖补政策	住房和城乡建设部
9	2018.4	《住房和城乡建设部建筑节能与科技司2018年工作要点》	深入推进建筑能效提升,提升建筑垃圾利用效能	住房和城乡建设部
10	2017.12	《生态环境损害赔偿制度改革试点方案》	自2018年1月1日起,全国实行生态环境损害赔偿制度	中央办公厅、国务院办公厅

序号	时间	相关性文件	相关内容	发布部门
11	2017.11	《关于推进资源循环利用基地建设的指导意见》	提出总体目标：至2020年，全国布局建设50个资源循环利用基地，基地服务区域的废弃物资源化率高于30%，并形成一批绿色处理模式	发改委
12	2017.5	《全国城市市政基础设施建设"十三五"规划》	加强建筑垃圾源头减量与控制。加强建筑垃圾资源回收利用设施及消纳设施建设	住房和城乡建设部、发改委
13	2016.12	《建筑垃圾资源化利用行业规范条件》（暂行）（征求意见稿）	新建、改扩建建筑垃圾资源化利用项目应符合规范条件，项目建设要满足勘探、咨询、设计、施工和监理要求	工业和信息化部
14	2016.8	《循环发展引领计划》（征求意见稿）	发布加强建筑垃圾管理及资源化利用工作的指导意见，制定建筑垃圾资源化利用行业规范条件	发改委
15	2015.9	《促进绿色建材生产和应用行动方案》	以"建筑垃圾处理和再利用"为重点，加强再生建材生产技术和工艺研发	工业和信息化部、住房和城乡建设部
16	2015.4	《中共中央 国务院关于加快推进生态文明建设的意见》	完善再生资源回收体系，推进建筑垃圾资源化利用	国务院
17	2014.12	《重要资源循环利用工程（技术推广及装备产业化）实施方案》	研发建筑物的拆除技术、再生骨料处理技术、建筑废弃物资源化再生关键装备等	发改委、工业和信息化部、财政部、科技部、环保部、商务部
18	2014.2	《2014—2015年节能减排科技专项行动方案》	将"建筑垃圾处理和再生利用技术设备"列为"节能减排先进适用技术推广应用"重点任务	工业和信息化部、科技部

　　基于上述政策要求，国内部分经济发达城市根据自身管理需要，也形成了各具特点并卓有成效的建筑垃圾收运及处理思路，非常值得学习和借鉴。

　　深圳是建筑垃圾试点城市之一，在建筑垃圾治理的不同方面进行了尝试，不断提升建筑垃圾综合利用水平。为了提高建筑垃圾信息化管理水平，深圳市住建部门建立了"建筑垃圾智能管控系统"，此系统基于大数据、云计算、遥感、物联网等数字化手段，围绕城市建筑垃圾从产生到处置的全生命周期和参与主体以城市建筑垃圾信息智能感知为核心，全过程监管以消纳场及周边安全与防偷排乱排为重点，研发了基于电子联单的建筑垃圾全过程监管设备体系和智慧管控平台，建立了建筑垃圾消纳场及附近影响区域的动态监管分析与智能警报技术，实现了对建筑垃圾"产—运—收"的全过程、全要素、全天候智能监管，对全市建设工程的建筑垃圾产生情况、运输车辆运行线路、处理设施消纳情况等信息进行实时监控,形成了建筑废弃物智慧监管的应用规范和运维机制,提升了城市建筑垃圾管理服务能力和安全管理水平。

上海市实行建筑垃圾禁止运输出省消纳的政策。由于各类建筑垃圾的物理属性不同、行业特点不同、运输车型不同、消纳方式不同,为全面实现精细化管理,推行分类处置与管控,上海市提出建筑垃圾源头分类申报、分类运输及末端分类处置利用的新模式。首先,在施工现场对金属、塑料、木材、玻璃碴、碎石等建筑垃圾进行分拣,并分类存放。其次,依据建筑废弃物的分类情况,构建建筑垃圾分类循环利用体系,促进工程渣土现场回用和景观公园建设,建设建筑垃圾分类资源化利用设施,加快推动建筑垃圾源头减排、源头分类处理,提高建筑垃圾再生利用水平和无害化处理能力。

而杭州市根据不同类别建筑垃圾特点,提出针对性措施。开展装修垃圾统筹统运试点,依托街道社区、小区物业管理,实行源头报备,规范运输车辆及处置手续的核准,推行有偿收集、运输、处置。按照"建筑拆除垃圾不出区"的目标,要求各区建设(临时)资源化利用点,对区内建筑垃圾进行就地、就近处置和资源化利用。

1.6 市政污泥

1.6.1 定义

市政污水又称生活污水,是城镇居民生活产生的废水。市政污泥是生活污水进行净化处理过程中产生的沉淀物质及污水表面浮出的浮渣,是一种固、液混合物质(固相和流动相)。市政污泥是污泥中数量较大的一类,其产生伴随着污水的净化处理,是污水中污染物的富集和沉淀的结果。市政污泥的有机物占干物质的 $60\%\sim75\%$,有机物成分复杂,含有大量的蛋白质、氨基酸、脂肪、维生素、矿物油、洗涤剂、腐殖质、细菌及代谢物、各种含氮含硫物质、挥发性异臭物、寄生虫和致病微生物等。由于污泥中含有大量的有机物、微生物以及一些重金属和营养物质等,若处理不当,会对环境造成严重的二次污染,如污染土壤、水源和空气等,因此对市政污泥的妥善处理至关重要。

1.6.2 产量及组分特征

随着城市化进程的加快和污水处理设施的不断完善,市政污泥的产量也在逐年增加。2009—2022年污泥年产量如图1-31所示。随着人们对生存环境的保护和改善意识的不断加强,必然促使越来越多的污水需要处理。因此,在短短的十几年内,中国污水处理产业得到了很大的发展,社会对污水重视程度也得到了很大的提高。不过长期以来,我国存在"重水轻泥"倾向,污泥处理远远滞后于污水处理。据统计,在我国现有污水处理设施中,有污泥稳定处理设施的还不到 25%。虽然大部分地区污水得到了有效处理,但忽视了对污泥的处理处置,导致污泥大量"积压"。无序弃置的污泥并没有使污染物得到有效处理,相反还使污染物进一步扩散,这将使得大气、水体和土壤的污染更加严重,并使我国污水有效处理大打折扣。市政污泥含水率可高达 99% 以上,这使得污泥的体积庞大,增加了运输和处理的难度。同时,市政污泥中的有机物含量也较高,一般为固体量的 60%~80%,这些有机物包含了蛋白质、碳水化合物、油脂等,具有一定的资源利用价值。此外,市政污泥中还含有一定量的重金属,如汞、镉、铅、铬等,以及氮、磷、钾等营养元素,重金属的存在也限制了污泥在某些领域的直接应用,需要进行严格的处理和控制,以防止其对环境和人体健康造成危害。

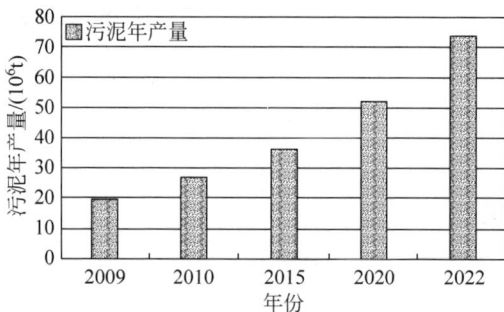

图 1-31　2009—2022 年我国市政污泥年产量

1.6.3　资源化利用途径

市政污泥具有多种资源化利用途径,这些途径能够有效挖掘污泥潜在价值并降低其对环境的负面影响。其中,在农业利用方面,经适当处理后的市政污泥可作为肥料或土壤改良剂用于农业生产,其所含的氮、磷、钾等营养元素可促进农作物生长,但需严格进行无害化处理与质量检测以控制其中的重金属等有害物质,确保符合农用标准,避免对土壤和农作物造成污染。为了充分利用污泥的资源化属性,减轻环境危害,世界上许多国家都在大力发展污泥处理处置和资源化利用技术,并取得了良好的经济和社会效益。

1.　能源利用

市政污泥中的有机物因具有较高热值,可通过厌氧发酵产生沼气用于发电、供热,或通过热解气化转化为合成气、生物炭和热解油等能源产品,焚烧处理也能在实现污泥减量化的同时利用热能发电或供热;污泥焚烧不仅可以实现污泥的减量化,还可以利用焚烧产生的热能进行发电或供热,实现资源的有效回收利用。不同污泥的燃烧热值见表 1-15。

表 1-15 不同污泥的燃烧热值

污泥 种类	热值/(kJ·kg^{-1})	污泥 种类	热值/(kJ·kg^{-1})
初次沉淀污泥		初沉污泥与腐殖质污泥混合	
新鲜的	15826~18190	新鲜的	14900
经消化	7200	经消化	6740~8120
新鲜活性污泥	14900~15210	初沉污泥与活性污泥混合	
		新鲜的	16950
		经消化的	7450

2. 农田林地利用

污泥中含有的氮、磷、钾和微量元素等是农作物生长所需的营养成分;有机腐殖质(初沉池污泥含 33%,消化污泥含 35%,活性污泥含 41%,腐质污泥含 47%)是良好的土壤改良剂;蛋白质、脂肪、维生素是有价值的动物饲料成分。

依靠自然界广泛分布的细菌、放线菌、真菌等微生物,人为地促进可生物降解的有机物向稳定的腐殖质转化的过程叫作堆肥化,其产物称作堆肥。将污泥与调理剂及膨胀剂在一定的条件下进行好氧堆沤,即污泥的堆肥化。污泥堆肥过程的主要技术措施比较复杂,主要包括:①调节堆料的含水率和适当的碳氮比。②选择填充料改变污泥的物理性状。③建立合适的通风系统。④控制适宜的温度和 pH 值。堆肥的一般工艺流程主要分为前处理、一次发酵、二次发酵和后处理 4 个阶段(图 1-32)。

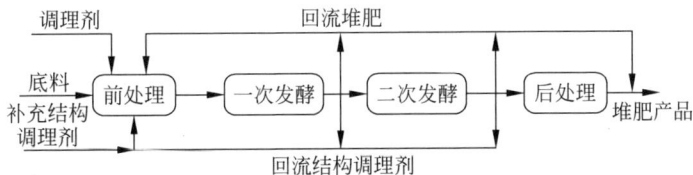

图 1-32 堆肥的一般工艺流程

3. 建材利用

污泥可作为原材料用于烧结制砖、生产陶粒(图 1-33)、制造蓄水陶土、制生化纤维板以及协同水泥窑处理制水泥等,与其他建筑材料原料混合加工成具有一定强度和性能的建筑材料,减少自然资源的开采。

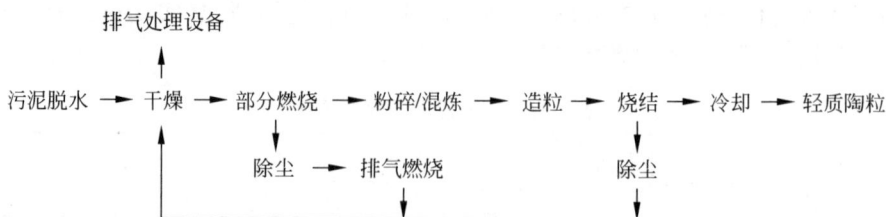

排气处理设备

污泥脱水 → 干燥 → 部分燃烧 → 粉碎/混炼 → 造粒 → 烧结 → 冷却 → 轻质陶粒

除尘 → 排气燃烧　　　　　　除尘

图 1-33　污泥制轻质陶粒工艺流程

4. 生态修复

市政污泥可用于废弃矿山、填埋场等地的植被恢复和土壤改良,其中的有机物可增加土壤肥力与保水性,胶体物质和微生物有助于改善土壤结构、提高抗侵蚀能力,推动受损生态系统的恢复。

1.6.4　全过程管理模式

1. 收运环节

市政污泥的收转运环节是整个处理处置流程的重要前端部分。在收集阶段,污水处理厂承担主要责任,于污水处理进程中,污泥先在污泥浓缩池、沉淀池等设施初步沉淀浓缩,再借助污泥泵等设备输送至污泥储存池或脱水车间,且需依污泥来源与性质分类收集。运输时,脱水至一定含水率(约 80%)的污泥可采用罐车运输(适合中短距离,灵活性强)、卡车运输(适用于长距离或大量污泥运输)、管道运输(先进但建设成本高,可连续输送且减少泄漏与异味)等方式,依据实际情况选择合适的运输手段,以确保污泥安全、高效地从产生地转移至处理地。

2. 处理环节

处理环节对于市政污泥的无害化与资源化至关重要。首先是污泥浓缩,利用重力浓缩或离心浓缩等手段分离水分与固体颗粒,提升含固率、缩小体积,为后续工序节约成本。污泥消化环节分为厌氧消化(无氧条件下依靠厌氧微生物分解有机物生成沼气与稳定污泥,兼具减量化与能源产出效益)和好氧消化(有氧环境中通过好氧微生物使有机物稳定化,处理时间短但成本较高)。之后进行污泥脱水,机械脱水如压滤脱水、离心脱水效率高且占地小,自然干化可通过自然条件(阳光、风力)蒸发水分,但耗时久且需大面积场地。

3. 处置环节

依据污泥特性与处置要求可选择卫生填埋(传统但面临选址建设难题与渗滤液、填埋气体等环境问题)、焚烧(减量化与无害化迅速但投资运行成本高且需严控污染物排放)、堆肥(利用好氧微生物将有机物转化为腐殖质制肥,但要管控臭气与重金属污染)、建材利用(将污泥转化为建筑材料实现循环利用)等方式,以实现污泥的妥善处理与资源有效利用。

4. 国内先进管理案例

国内先进的市政污泥全过程管理模式主要包括广州、长沙、孝感和东莞等地的市政污泥处理项目,各具特色,主要体现在处理模式方面,具体如下:①广州采用污泥脱水干化一体技术,将含水率94%～97%的污泥厂内干化至30%～40%,并用于协同焚烧发电。同时,还成功研发利用污泥制作建材、海绵介质土、园林基质土和炭化燃料棒等技术。②长沙岳麓污水处理厂采用低温带式干化工艺,干化后湿污泥含水率从80%降至30%以下,送往水泥厂、电厂、垃圾焚烧发电厂协同焚烧处置。长沙长善垸污泥处理中心采用"高压带机＋低温干化"两段式处理工艺,运营管理高效,自动化程度高。③孝感市通过推动静脉产业园多种固废协同处理的"无废"模式,以垃圾焚烧发电为主,配套处理建筑垃圾、市政污泥、餐厨垃圾、危险废物、焚烧飞灰和医疗废物等固体废物,形成全过程处理产业链。此外,东莞正规划建设全球最大的生活污泥独立焚烧处理项目,设计处理规模为2000 t/d,应用废水零排放工艺,采用太阳能光伏发电技术,提高绿色能源的利用率。

5. 国外先进管理案例

发达国家的市政污泥全过程管理模式的优势主要体现在严格的监管和高度的集约化处置。①丹麦大型城市污水处理厂一般会将污泥经过厌氧消化、离心脱水和焚烧处理后,外排到垃圾填埋场。固体废物不与剩余污泥混合进入厌氧消化池,而是经过脱水后直接进入污泥焚烧炉进行焚烧处理。②美国以洛杉矶 Hyperion 污水处理厂为例,该厂采用12台水平转筒式离心机对污泥进行机械浓缩,送入消化池进行稳定处理,消化污泥脱水后的泥饼含水率可降至70%,所有污泥均最终采用土地处理。③德国的市政污泥多采取干化、半干化及焚烧的方式,该过程使用大量的森林垃圾等作为补充能源,且在污泥农用方面有严格的法规约束,如执行肥料条例。

第2章

生活固废的"无废"建设背景

2.1 生活固废"无废"建设意义

2.1.1 落实国家推进城乡绿色发展战略决策之所需

2021年10月,中共中央办公厅、国务院办公厅印发《关于推动城乡建设绿色发展的意见》,明确提出"推动绿色城市、森林城市、'无废城市'建设,深入开展绿色社区创建行动。推进以县城为重要载体的城镇化建设,加强县城绿色低碳建设,大力提升县城公共设施和服务水平"。2022年10月,党的二十大报告明确"协同推进降碳、减污、扩绿、增长,推进生态优先、节约集约、绿色低碳发展"。2023年8月,国家发展和改革委员会、生态环境部、住房和城乡建设部等部门印发《环境基础设施建设水平提升行动(2023—2025年)》,明确提出"加快构建集污水、垃圾、固体废弃物、危险废物、医疗废物处理处置设施和监测监管能力于一体的环境基础设施体系,推动提升环境基础设施建设水平""完善生活垃圾分类设施体系、补齐县级地区焚烧处理能力短板、探索建设小型生活垃圾焚烧处理设施、改造提升填埋设施等,推进建筑垃圾分类及资源化利用、规划建设再生资源加工利用基地等"。2024年2月,《国务院办公厅关于加快构建废弃物循环利用体系的意见》强调"着力推动高质量发展,遵循减量化、再利用、资源化的循环经济理念,以提高资源利用效率为目标,以废弃物精细管理、有效回收、高效利用为路径,覆盖生产生活各领域,发展资源循环利用产业,健全激励约束机制,加快构建覆盖全面、运转高效、规范有序的废弃物循环利用体系,为高质量发展厚植绿色低碳根基,助力全面建设美丽中国"。

因此相关管理部门以推动补齐环境基础设施短板弱项,全面提升环境基础设施建设水平,建设人与自然和谐共生的美丽城市为目标,聚焦城乡生态环境改善、城乡生活固废资源化利用等重点方向,深入贯彻落实国家战略,推动人居环境持续改善,提升城市宜居性及持续性,推动绿色发展,促进人与自然和谐共生。

2.1.2　解决城乡建设领域生活固废行业共性难点之所需

中国作为全球最大的发展中国家,改革开放以来,长期实行主要依赖增加投资和物质投入的粗放型经济增长方式,导致资源和能源的大量消耗和浪费,同时也让中国的生态环境面临非常严峻的挑战。

近年来,住房和城乡建设部持续推进城市有机更新,加大城镇老旧小区改造力度,加强乡村建设,聚焦优化城乡人居生态环境,致力于引导城乡建设方式转变,推动城乡绿色发展。但随着人口密度与多元需求的不断提升,城乡人地矛盾日益突出,尤其是城乡生活固废产量持续增加与居民对生活环境质量需求日益提升的矛盾越来越突出,生活固废的收集、转运、处理过程中的"邻避效应",环保督察难,法律、法规和标准体系不健全等成为每个城市面临的共性难题。

为解决城乡建设领域行业共性难点问题,实现人—城—设施的互动平衡、和谐共融发展,迫切需要突出"以废治废、变废为宝",从"三废"协同治理角度,全要素系统推进固体废物污染防治,解决企业成本过高、市场化运营困难的问题。突破理论和技术体系创新,并开展工程应用与推广,因地制宜地为城市提供技术支撑和定制化服务,推动产业生态化与生态产业化、数字化,服务城乡高质量发展。

2.1.3　满足人民对美好生活向往之所需

《中华人民共和国国民经济和社会发展第十四个五年规划和二〇三五年远景目标纲要》强调"坚持以人民为中心,发展为了人民、发展依靠人民、发展成果由人民共享,激发全体人民积极性、主动性、创造性"。城乡生态环境是最普惠的民生福祉,践行"以人为本",秉承美好环境与幸福生活共同缔造理念,致力于解决人民群众关注的问题,满足老百姓对美好生活和优美生态环境日益增长的需求,通过加强环境基础设施体系建设,实现蓝绿融合、灰绿融合,推动生态环境根本好转。2015 年,中共中央、国务院印发的《关于加快推进生态文明建设的意见》是自党的十八大报告重点提及生态文明建设内容后,中央全面专题部署生态文明建设的第一个文件,生态文明建设的政治高度进一步凸显。2024 年 7月,《中共中央　国务院关于加快经济社会发展全面绿色转型的意见》指出要大力推广绿色生活方式,"大力倡导简约适度、绿色低碳、文明健康的生活理念和消费方式,将绿色理念和节约要求融入市民公约、村规民约、学生守则、团体章程等社会规范,增强全民节约意识、环保意识、生态意识。开展绿色低碳全民行动,引导公众节约用水用电、反对铺张浪费、推广'光盘行动'、抵制过度包装、减少一次性用品使用,引导公众优先选择公共交通、步行、自行车等绿色出行方式,广泛开展爱国卫生运动,推动解决噪声、油烟、恶臭等群众身边的环境问题,形成崇尚生态文明的社会氛围"。

"生态文明"关于生产和生活方式的转变与我们的"无废城市"理念高度统一。生态文明强调人的自觉与自律,强调人与自然环境的相互依存、相互促进、共处共融,既追求人与生态的和谐,也追求人与人的和谐,而且人与人的和谐是人与自然和谐的前提。生态文明是人类对传统文明形态特别是工业文明进行深刻反思的成果,是人类文明形态和文明发展理念、道路和模式的重大进步。引导生活方式,努力打造人与自然的命运共同体,并推动实现决策共谋、发展共建、建设共管、效果共评、成果共享,共建天蓝、地绿、水净、人和的美好环境,促进社会公平,增进民生福祉,提高人民生活品质,提升百姓获得感、幸福感、安全感。

2.2 生活固废与"无废城市"建设

2.2.1 "无废城市"动员令

2019 年 4 月,生态环境部会同相关部门共同筛选确定了"11＋5"个城市和地区作为首批全国"无废城市"试点,旨在探索可复制、可推广的"无废城市"建设模式。"无废城市"建设以"创新、协调、绿色、开放、共享"新发展理念为引领,通过推动形成绿色发展方式和生活方式,持续推进固体废物源头减量和资源化利用,将固体废物的环境影响降至最低。"无废城市"建设通过统筹工业、农业、建筑和生活各领域固废治理,将固体废物减量化、资源化、无害化需求融入社会治理、产业布局、产业结构升级、公共意识提高和思想文化建设的各个方面,打造区域环境治理样板。

2021 年 12 月,生态环境部会同相关部门印发的《"十四五"时期"无废城市"建设工作方案》提出,深入贯彻习近平生态文明思想,立足新发展阶段、贯彻新发展理念、构建新发展格局、实现高质量发展,统筹城市发展与固体废物管理,强化制度、技术、市场、监管等保障体系建设,大力推进减量化、资源化、无害化,发挥减污降碳协同效应,提升城市精细化管理水平,推动城市全面绿色转型,为深入打好污染防治攻坚战、推动实现碳达峰碳中和、建设美丽中国作出贡献。

"无废"是指以新发展理念为引领,通过推动形成绿色发展方式和生活方式,持续推进固体废物源头减量和资源化利用,最大限度减少填埋量,将固体废物环境影响降至最低的城市发展模式。减量化也要根据不同品类的固废制订可操作的控制方案、技术指标,切忌一刀切。在我们城市生活领域主要表现为三化:减量化、资源化、无害化。减量化主要是大力推行绿色生活方式,推动人们在生活各个环节减少资源消耗、尽可能少产生废物;资源化主要指在产业布局上也一定综合考虑各种废弃物在回收、分拣、运输、储存、处置等环节的整体规划。只有按照"全过程、全品种、全流通"的思路进行设计,才可能重构整体固废产业的商业模式与生态体系。无害化主要是减少人类活动对自然环境的负担。

"无废城市"并不代表城市不产生废弃物,而是能够完全妥善处置城市生产、生活中产生的废弃物,其建设指标体系如图 2-1 所示。"无废城市"应该是全品类固废的综合整治,包括但不限于生活垃圾,农业废弃物、餐厨垃圾,建筑垃圾,工业废弃物、危险废弃物(含医疗垃圾)、电子废弃物、报废汽车等,不能有选择性地指定某几种固废,像废旧衣物、废旧包装物、废塑料等也必须纳入管理体系。因此,开展"无废城市"建设的试点不仅要着眼于提高固体废物资源化利用水平,更要研究各种废弃物之间在资源化、无害化过程中产生的资源及副产品的综合利用。这无疑是我们"生态文明"和高质量生活追求的目标与实现的手段。

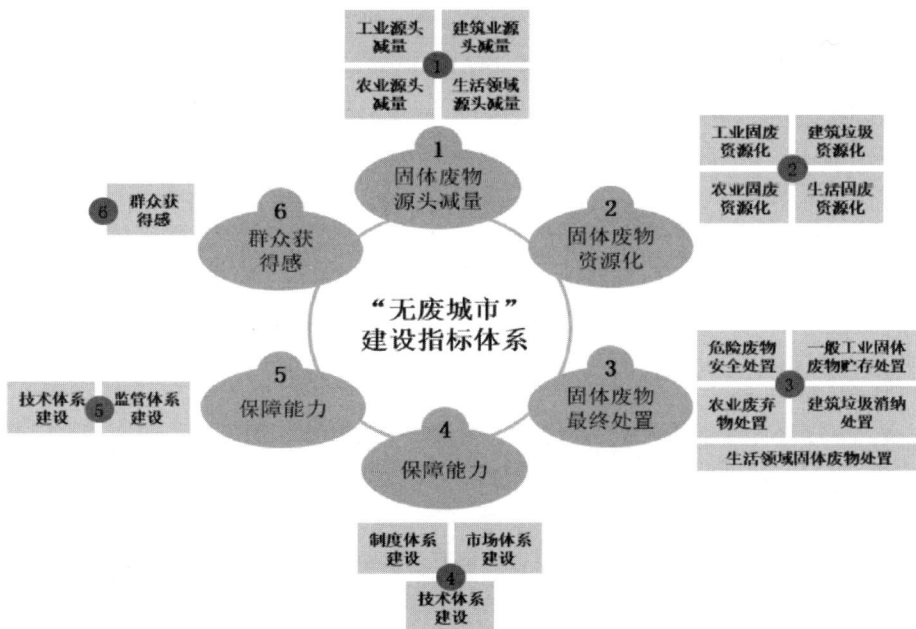

图 2-1 "无废城市"建设指标体系

2.2.2 "无废生活"重点任务

2018 年 12 月,国务院办公厅印发了《"无废城市"建设试点工作方案》(国办发〔2018〕128 号),在主要任务中明确提出:

践行绿色生活方式,推动生活垃圾源头减量和资源化利用。以绿色生活方式为引领,促进生活垃圾减量。通过发布绿色生活方式指南等,引导公众在衣、食、住、行等方面践行简约适度、绿色低碳的生活方式。(生态环境部、住房和城乡建设部指导)支持发展共享经济,减少资源浪费。限制生产、销售和使用一次性不可降解塑料袋、塑料餐具,扩大可降解塑料产品应用范围。加快推进快递业绿色包装应用,到 2020 年,基本实现同城快递环境友好型包装材料全面应用。(国家发展和改革委员会、商务部、国家邮政局、市场监管总局指导)推动公共机构无纸化办公。在宾馆、餐饮等服务性行业,推广使用可循环利用物品,限制使用一次性用品。创建绿色商场,培育一批应用节能技术、销售绿色产品、提供绿色服务的绿色流通主体(商务部、文化和旅游部、国管局指导)。

多措并举,加强生活垃圾资源化利用。全面落实生活垃圾收费制度,推行垃圾计量收费。建设资源循环利用基地,加强生活垃圾分类,推广可回收物利用、焚烧发电、生物处理等资源化利用方式。(国家发展和改革委员会、住房和城乡建设部指导)垃圾焚烧发电企业实施"装、树、联"(垃圾焚烧企业依法依规安装污染物排放自动监测设备、在厂区门口树立电子显示屏实时公布污染物排放和焚烧炉运行数据、自动监测设备与生态环境部门联网),强化信息公开,提升运营水平,确保达标排放。(生态环境部指导)以餐饮企业、酒店、机关事业单位和学校食堂等为重点,创建绿色餐厅、绿色餐饮企业,倡导"光盘行动"。促进餐厨垃圾资源化利用,拓宽产品出路(国家发展和改革委员会、商务部、国管局指导)。

开展建筑垃圾治理,提高源头减量及资源化利用水平。摸清建筑垃圾产生现状和发展趋势,加强建筑垃圾全过程管理。强化规划引导,合理布局建筑垃圾转运调配、消纳处置和资源化利用设施。加快设施建设,形成与城市发展需求相匹配的建筑垃圾处理体系。开展存量治理,对堆放量比较大、比较集中的堆放点,经评估达到安全稳定要求后,开展生态修复。在有条件的地区,推进资源化利用,提高建筑垃圾资源化再生产品质量(住房和城乡建设部、国家发展和改革委员会、工业和信息化部指导)。

截至 2023 年年底,首批试点城市以指标体系为引领,共安排固体废物源头减量、资源化利用、最终处置工程项目 562 项,完成 422 项;安排有关保障能力的相关任务 956 项,完成 850 项。在源头减量方面,北京经济技术开发区以液晶显示器和汽车制造核心产业绿色升级带动全产业链减废提质,工业固体废物产生强度下降 33%。三亚市通过源头禁限、过程管控、陆海统筹治理塑料污染，每年减少一次性塑料制品使用量约 8000 t。在资源化利用方面，深圳推行"集中分类投放＋定时定点督导"分类方式，发挥科技支撑和志愿先行的深圳特色优势，生活垃圾回收利用率达到 42%，位居国内领先水平。许昌市打造"政府主导、市场运作、特许经营、循环利用"模式，建筑垃圾资源化利用率超过 80%。在"无废生活"方面取得一定成效。

2.2.3 "无废生活"保障措施

加强制度、技术、市场和监管体系建设，全面提升"无废城市"建设保障能力。绿色生活方式、"双碳"目标和高质量发展等行动和战略为生活固废资源化利用带来重大利好，但由于生活固废类型多样、来源广泛、收储和转运成本高等，实现全量化高效利用仍面临重大挑战。"无废生活"快速、可持续发展需要各方措施保障。

（1）构建协调联动机制。生活固废管理及产业发展关联到住建、环保、能源、交通运输、自然资源、科技等多部门。生活固废作为离人们生活最近、具有资源和污染双重属性的废物类别，其管理和发展尤其依赖政府政策配套和公共服务保障。因此，需进一步筑牢多部门信息共享、分工协作、协调联动工作机制。建立健全生活固废环境管理制度体系，建立部门责任清单，进一步明确各类生活固废产生、收集、贮存、运输、利用、处置等环节的部门职责边界。深化生活固废分级分类管理、生产者责任延伸、跨区域处置生态补偿等制度创新，提升综合管理效能。

（2）强化科技支撑能力。"科学技术是第一生产力"，技术创新是生活固废资源化利用根本支撑，生活固废产业化发展短期需要政策，长期靠技术。技术创新是实现生活固废高值利用，推进环境基础设施体制更新改造，提高终端产品比较优势和市场竞争力的有力支撑，通过技术创新建立了固废全过程精细化管理模式，有效推动了固废资源化利用。加快生活固废源头减量、资源化利用和无害化处置技术推广应用，在绿色低碳技术攻关的基础上，加强生活固废利用处置技术模式创新，探索生活有机固废、农业有机固废、一般工业有机固废等一体化协同治理解决方案。积极推动生活固废相关标准制定，完善生活固废污染控制技术标准与资源化产品标准，推动上下游产业间标准衔接。

（3）建立生活固废"互联网＋信用＋监管"管理平台。充分利用数字化转型趋势，用"互联网＋信用＋监管"手段提高管理的科学化、信息化水平。从"生产源头、转移过程、处置末端"三个环节重点突破，搭建便捷高效的可监控、可预警、可追溯、可共享、可评估的信息化管理平台，利用信息化技术实现对固体废物"从摇篮到坟墓"的"基于互联网+信用+监管的全过程闭环管理"。在系统的建设规划上,充分考虑对现有资源的整合、汇聚及利用,避免了重复建设造成的浪费,并将各职能管理部门的职责依旧落实在各职能部门,通过打通现有局办的各类已建成的业务管理系统,将各业务系统、公共信用评价系统、掌上执法系统等的数据进行共享、共用和协同促进,通过互联网、物联网、大数据分析、人工智能等技术,对生活废物产生、运输、处置的全流程进行信息化的闭环管理;在管理过程中对违法、违规行为进行预测、预警,提供公众可参与的公共服务、投诉建议、信息查询等,提高公众获得感;最终形成信息化、智能化、智慧化的"无废城市"综合展示与管控的信息化平台。

2.3 生活固废有关法规政策

2.3.1 垃圾分类相关法规政策

近年来,全国各城市遵循"以法治为基础、政府推动、全民参与、城乡统筹、因地制宜"的原则,着眼"加强科学管理、形成长效机制、推动习惯养成"的目标,全面推进垃圾分类工作,在法治建设、设施建设、制度建设、文化建设等方面取得了历史性进步,形成了各具特色的垃圾分类政策和模式,为深入推进垃圾分类积累了经验(表 2-1)[1,4,30-31]。

表 2-1　2016 年至今部分垃圾分类政策

文件名称	对垃圾分类的描述	日　期
《关于进一步加强城市规划建设管理工作的若干意见》	通过"分类投放收集"、综合循环利用,促进垃圾减量化、资源化、无害化。到 2020 年,力争将垃圾回收利用率提高到 35%以上	2016-02
《"十三五"全国城镇生活垃圾无害化处理设施建设规划》	建立分类投放、运输、回收、处理相衔接的全过程管理体系	2016-12
《生活垃圾分类制度实施方案》	加快建立分类投放、分类收集、分类运输、分类处理的垃圾处理系统,加强生活垃圾分类配套体系建设	2017-03
《关于加快推进党政机关等公共机构生活垃圾分类工作的通知》	垃圾分为有害垃圾、餐厨垃圾、可回收物、其他垃圾 4 类	2017-06
《关于加快推进部分重点城市生活垃圾分类工作的通知》	加快推进生活垃圾分类处理系统建设,包括:规范生活垃圾分类投放;规范生活垃圾分类收集;加快配套分类运输系统;加快建设分类处理设施	2018-01
《关于在学校推进生活垃圾分类管理工作的通知》	探索建立生活垃圾分类宣传教育工作长效机制和校内生活垃圾分类投放收集储存的管理体系	2018-01

续表

文 件 名 称	对垃圾分类的描述	日　期
《中华人民共和国固体废物污染环境防治法（修订草案）》	国家推行生活垃圾分类制度。县级以上地方人民政府应当采取符合本地实际的分类方式,加快建立生活垃圾分类投放、分类收集、分类运输、分类处理的垃圾处理系统,实现垃圾分类制度有效覆盖	2018-07
《关于进一步推动公共机构生活垃圾分类工作的通知》	把垃圾分类工作作为建设生态文明的重要举措,作为建设节约型公共机构的重要内容,编制健全公共机构生活垃圾分类实施方案	2019-08
《城镇生活垃圾分类和处理设施补短板强弱项实施方案》	加快生活垃圾分类投放、分类收集、分类运输、分类处理设施建设,补齐处理能力缺口,健全城镇环境基础设施,改善生态环境,提升治理能力现代化,推动形成与经济社会发展相适应的生活垃圾分类和处理体系	2020-07
《关于做好公共机构生活垃圾分类近期重点工作的通知》	逐步规范生活垃圾分类类别及标志,大力推行绿色办公、扎实推进生活垃圾示范点建设	2021-05
《"十四五"城镇生活垃圾分类和处理设施发展规划》	规范垃圾分类投放方式、进一步健全分类收集设施、加快完善分类转运设施	2021-05
《关于加快推进城镇环境基础设施建设的指导意见》	建设分类投放、分类收集、分类运输、分类处理的生活垃圾处理系统	2022-01
《关于全面推进美丽中国建设的意见》	提升垃圾分类管理水平,推进地级及以上城市居民小区垃圾分类全覆盖	2024-01

2.3.2　厨余垃圾资源利用政策

高水平的厨余垃圾资源化利用是生活垃圾处理的重要环节,是创建"无废城市"的关键,为了实现这一目标,从党中央、国务院到地方政府制定了一系列相关政策来推动厨余垃圾的综合利用。2024年2月,国务院办公厅出台了《关于加快构建废弃物循环利用体系的意见》,该意见中特别指出,要推进废弃物能源化利用,提升废弃油脂等厨余垃圾能源化、资源化利用水平;进一步,在2024年11月,中共中央办公厅、国务院办公厅印发了《粮食节约和反食品浪费行动方案》,方案中要求,家庭和个人要减少食品浪费,餐饮行业要深化"光盘行动",单位食堂要开展反浪费行动,从源头实现厨余垃圾减量化。从2010年开始,国家先后分五批在100个城市开展了餐厨废弃物资源化利用和无害化处理试点工作,截至2021年年底,已有79个试点城市通过验收。

在地方政策层面,目前全国有300余个地方出台了厨余垃圾管理办法,对适用范围、责任主体、收运和处置要求、违规行为处罚等内容作了相关规定。各地通过探索建立部门合作机制,实行统一收运、集中处理等方式,进一步对餐厨垃圾进行规范管理与综合整治,并不断强化监管力度,相关工作取得了明显成效。表 2-2 为北京市和上海市近年来出台的相关政策。

表 2-2 北京市和上海市餐厨垃圾相关政策汇总与解读

省市	发布时间	政策名称	重点内容
北京市	2020 年 1 月	《北京市生活垃圾管理条例》	按照厨余垃圾、可回收物、有害垃圾、其他垃圾的分类,分别投入相应标识的收集容器。餐饮行业协会应当发挥行业自律和服务作用,推动餐饮服务单位开展厨余垃圾减量化工作,推广先进技术,制止餐饮浪费,践行光盘行动
	2020 年 6 月	《北京市厨余垃圾分类质量不合格不收运管理暂行规定》	规范厨余垃圾收集运输管理,促进生活垃圾分类管理责任人和收集运输单位依法履行垃圾分类义务
	2021 年 9 月	《北京市城市管理委员会关于调整从事生活垃圾处理服务审批告知承诺改革工作的通知》	本行政许可条件中未涉及的餐厨垃圾处理厂、厨余垃圾处理厂等参照堆肥厂的行政许可条件进行审批
	2022 年 4 月	《北京市"十四五"时期城市管理发展规划》	推进探索餐厨垃圾与生活污水协同处理,积极推进厨余垃圾处理设施沼气资源化利用,探索飞灰和焚烧炉渣综合利用途径
上海市	2020 年 6 月	《上海市餐厨废弃油脂处理管理办法实施若干规定》	对餐厨废弃油脂处理的产生单位与收运单位的招标、收集容器、收运人员培训、收运单位监管等环节进行规定
	2021 年 8 月	关于印发《坚决制止餐饮浪费行动方案》的通知	探索在餐饮"圆桌消费"中实行"桌长制",负责提醒适量点餐,使用公筷公勺、剩菜打包等,提高消费者制止餐饮浪费的自觉性、主动性,及时总结推广有效经验
	2022 年 7 月	《上海市碳达峰实施方案》	老港、宝山等湿垃圾集中资源化利用设施建设及分散处理设施达标改造,力争利用能力达到 1.1 万吨/日,打通湿垃圾资源化产品利用出路。推进餐厨废弃油脂资源化利用设施建设,确保餐厨废弃油脂处置安全、高效

2.3.3 废旧资源回收利用政策

从国家法律角度,2009 年颁布的《中华人民共和国循环经济促进法》提出国家鼓励和推进废物回收体系建设;县级以上人民政府应当统筹规划建设城乡生活垃圾分类收集和资源化利用设施,建立和完善分类收集与资源化利用体系,提高生活垃圾资源化率。2020年修订实施的《中华人民共和国固体废物污染环境防治法》,明确对塑料污染作了具体规定,提出推广应用可循环、易回收、可降解的替代产品。

为明确废旧资源回收利用标准和技术规范,国家不同部门出台了相关管理办法,具体见表2-3[32]。

表 2-3　废旧资源回收利用相关管理办法

管 理 办 法	颁布时间	主 要 内 容
《再生资源回收管理办法》	2007 年	规定了再生资源中废纸、农药包装物、废玻璃等低值可回收物的收集、储存、运输、处理等应遵守的标准、技术政策和技术规范
《快递包装回收管理办法》	2019 年	旨在规范和推动快递包装废弃物的回收和处理工作,对快递包装材料的标准、回收责任、回收网络建设、信息公开等方面做出了详细规定,促进了快递包装废弃物的资源化利用和环境保护
《饮料纸基复合包装生产者责任延伸制度实施方案》	2020 年	旨在提高废弃饮料纸基复合包装的资源化利用率。方案规范了回收废弃饮料纸基复合包装,支持饮料纸基复合包装生产企业按照市场化原则,鼓励饮料纸基复合包装生产(进口)企业根据回收量和利用水平,对回收链条薄弱环节给予技术、资金支持
《商务领域一次性塑料制品使用、回收报告办法(试行)》	2020 年	旨在鼓励和引导减少使用、积极回收塑料袋等一次性塑料制品。建立一次性塑料制品使用、回收报告系统,要求全国商品零售场所开办单位、电子商务平台企业、外卖企业汇报一次性塑料制品使用、回收情况
《邮件快件包装管理办法》	2021 年	寄递企业应当按照规定使用环保材料对邮件快件进行包装,优先采用可重复使用、易回收利用的包装物,优化邮件快件包装,减少包装物的使用,并积极回收利用包装物

从国家政策方面,2020年10月,党的十九届五中全会通过《中共中央关于制定国民经济和社会发展第十四个五年规划和二〇三五年远景目标的建议》,明确要求"加快构建废旧物资循环利用体系"。2020年11月,住房和城乡建设部会同有关部门印发《关于进一步推进生活垃圾分类工作的若干意见》,要求加强分类处理产品资源化利用,推动再生资源回收利用行业转型升级,统筹生活垃圾分类网点和废旧物品交投网点建设,规划建设一批集中分拣中心和集散场地,推进城市生活垃圾中低值可回收物的回收和再生利用。2021年国家发展和改革委员会印发的《"十四五"循环经济发展规划》提出要构建废旧物资循环利用体系,实施废塑料、废纸等再生资源回收利用行业规范管理,提升行业规范化

水平。2022 年国家发展和改革委员会等部门《关于加快废旧物资循环利用体系建设的指导意见》首次明确提出,鼓励有条件的地方政府制定关于低附加值可回收物回收利用的支持政策。2024 年,商务部从完善回收网络规划布局,培育多元化、规模化回收主体,探索创新回收模式与做好规范化处理和二手流通等方面提出了加快健全废旧家电家具等再生资源回收体系,颁布了商务部等 9 部门《关于健全废旧家电家具等再生资源回收体系的通知》。具体见表 2-4。

表 2-4　废旧资源回收利用相关政策文件(部分)

政 策 文 件	颁布时间	主 要 内 容
《资源综合利用产品和劳务增值税优惠目录》	2015 年	对利用废塑料生产的再生塑料产品、利用废农膜生产的再生塑料产品、利用废纸生产的再生纸、利用废玻璃生产的再生玻璃分别给予 70%、100%、50% 和 90% 的增值税即征即退优惠
《关于进一步加强塑料污染治理的意见》	2020 年	提出禁止和限制不可降解塑料袋、一次性塑料餐具、酒店宾馆一次性塑料用品、快递塑料包装等塑料制品的生产、销售和使用;加大塑料废弃物等可回收物分类收集和处理力度,在重点区域投放快递包装、外卖餐盒等回收设施;建立健全废旧农膜回收体系;规范废旧渔网渔具回收处置
《"十四五"循环经济规划》	2021 年	实施城市废旧物资循环利用体系建设工程,统筹规划建设再生资源加工利用基地,加强废旧纺织品、废塑料、废纸、废玻璃等低值废弃物分类利用和集中处置
《"十四五"塑料污染治理行动方案》	2021 年	提高塑料废弃物收集转运效率,提升塑料废弃物回收规范化水平;深入实施农膜回收行动,继续开展农膜回收示范县建设;开展农药包装物回收行动
《资源综合利用企业所得税优惠目录》	2021 年	企业以废塑料、废纸与废玻璃等《资源综合利用企业所得税优惠目录》规定的资源作为主要原材料,生产国家非限制和禁止并符合国家和行业相关标准的产品取得的收入,减按 90% 计入收入总额
《关于加快推进废旧纺织品循环利用的实施意见》	2022 年	推动合理设置废旧纺织品专用回收箱或相关设施,合理布局建设分拣中心和资源化利用分类处理中心,及时精细化分拣和分类处理废旧纺织品
《关于加快废旧物资循环利用体系建设的指导意见》	2022 年	鼓励有条件的地方政府制定低附加值可回收物回收利用支持政策;依法落实和完善节能节水、水资源综合利用等相关税收优惠政策
商务部等 9 部门《关于健全废旧家电家具等再生资源回收体系的通知》	2024 年	加快健全废旧家电家具等再生资源回收体系。到 2025 年,在全国范围内建设一批废旧家电家具等再生资源回收体系典型城市,培育一批回收龙头企业,推广一批典型经验模式,形成一批政策法规标准

目前,各地以国家相关法律法规为基础结合当地的实际情况制定了诸多地方性规定。例如,为促进"两网融合",北京市 2022 年 6 月出台的《北京市再生资源回收经营者备案事项》规定了可回收物交投点、中转站、再生资源分拣中心备案要求;上海市 2021 年修订了《上海市再生资源回收管理办法》提出再生资源回收网点布局规划及相关设施建设活动应当与环卫设施的规划建设相衔接,实现再生资源回收体系与生活垃圾分类清运体系兼容共享。广州市(2021)、南京市(2017)提出了采取政府购买服务的方式委托专业公司开展低值可回收物回收,并就服务费的确定和发放等方面进行了详细规定,为低值可回收物回收利用体系的建设提供法规保障。

2.3.4　市政污泥综合利用政策

中国市政污泥综合利用政策的发展历史经历了多个阶段。

(1) 萌芽阶段(1961—1992 年)

早期探索与实践:1961 年北京高碑店污水处理厂的污泥被当地农民用于土地,开启了我国污泥农用的先河。当时我国污水处理厂数量较少,污泥产生量也相对较少,且成分相对简单,污泥处理主要以简易堆肥和自然干化后农用为主。

初步规范引导:1984 年 5 月,城乡建设环境保护部发布了《农用污泥中污染物控制标准》(GB 4284—84),对农用污泥中的重金属等污染物含量提出了限制要求,为污泥农用的安全性提供了初步的规范和指导。

(2) 缓慢发展阶段(1993—2010 年)

标准规范逐步完善:1993 年,国家发布了《城市污水处理厂污水污泥排放标准》(CJ 3025—93),对污泥的排放和处置提出了更具体的要求。2009 年,住房和城乡建设部、环境保护部和科学技术部联合出台了《污泥处理处置及污染防治技术政策(试行)》,明确了污泥处理处置的技术路线和原则,提出了污泥处理处置应遵循"减量化、稳定化、无害化"的原则,并推荐了一系列的技术方法。

规划引导加强:在这一阶段,国家开始将污泥处理处置纳入相关规划中。例如,"十一五"规划中提出了加强污水处理设施建设的同时,要重视污泥处理处置问题,但由于多种原因,污泥处理处置设施建设仍相对滞后。

(3) 快速发展阶段(2010 年至今)

理念转变与重视程度提高:2015 年 4 月,国务院发布了《水污染防治行动计划》("水十条"),明确提出水处理设施产生的污泥应进行稳定化、无害化和资源化处理处置,禁止处理处置不达标的污泥进入耕地,非法污泥堆放点一律予以取缔,反映了我国政府从"重水轻泥"向"泥水并重"的思路转变。

规划与政策细化:2017 年 1 月,国家发展和改革委员会、住房和城乡建设部发布了《"十三五"全国城镇污水处理及再生利用设施建设规划》，提出到 2020 年年底，地级及以上城市污泥无害化处置率达到 90%，其他城市达到 75%；县城力争达到 60%；重点镇提高 5 个百分点，初步实现建制镇污泥统筹集中处理处置。

技术创新与推广：国家鼓励和支持污泥处理处置技术的创新与研发，推动了污泥干化焚烧、厌氧消化、好氧发酵等技术的发展和应用。同时，也加强了对污泥处理处置设施的建设和运行管理，提高了设施的运行效率和处理效果。

多部门协同推进：2020 年以来，国家发展和改革委员会、住房和城乡建设部、生态环境部等多部门协同推进污泥无害化处理和资源化利用工作。2020 年 11 月，生态环境部发布《关于进一步规范城镇（园区）污水处理环境管理的通知》，统筹安排建设城镇（园区）污水集中处理设施及配套管网污泥处理处置设施。

明确目标与任务：2022 年 9 月，国家发展和改革委员会、住房和城乡建设部、生态环境部联合发布《污泥无害化处理和资源化利用实施方案》，明确提出到 2025 年，全国新增污泥无害化处置设施规模不少于 2 万吨/日，城市污泥无害化处置率达到 90% 以上，地级及以上城市达到 95% 以上。

中国的市政污泥综合利用政策围绕多项目标与原则推进实施，呈现多维度推进的特点。国家层面，2015 年"水十条"推动行业思路转变；2022 年发布的《污泥无害化处理和资源化利用实施方案》明确了到 2025 年的具体目标，包括新增污泥无害化处置设施规模、城市污泥无害化处置率等，为污泥处理行业发展指明方向。在设施建设方面，以全国城镇污水处理及再生利用设施建设规划为主线，推动污泥无害化处理和资源化利用设施建设，补齐短板。同时，完善付费机制，通过合理定价和费用收取保障行业可持续发展，并给予企业经营优惠和补贴以鼓励其参与。此外，大力支持技术创新，鼓励研发高效、节能、环保的新技术、新工艺和新设备，如热解炭化技术等，且各省市地方政府也积极响应，因地制宜制定本地政策，共同促进市政污泥的综合利用。

2.3.5 生活垃圾无害化处理政策

从环境保护角度来看，生活垃圾首先是污染源，不加以控制必然会造成环境污染。即使采取规范措施加以控制，在其收集运输、处理处置、资源能源回收利用的各个环节也都可能对大气、水体、土壤等环境介质产生一定程度的污染，因此"无害化"是生活垃圾管理的根本目的和总体要求，生活垃圾从产生、收集、运输到减量、再利用、再生利用、回收利用都必须遵循这一要求。围绕这一要求，我们梳理了生活垃圾无害化处理政策要求，并将其分为初步提出阶段（20 世纪 80—90 年代）、规范化阶段（2000—2010 年）、快速发展阶段（2011—2020 年）、高质量发展阶段（2021 年至今），具体见表 2-5。

表 2-5 生活垃圾无害化处理相关政策文件

阶 段	政策文件	颁布时间	主 要 内 容
初步提出阶段（20 世纪 80—90 年代）	《关于处理城市垃圾改善环境卫生面貌的报告》	1986 年	率先提及城市垃圾处理问题，尽管未聚焦无害化处理，但为其后续发展奠定了基础，并初步提出垃圾管理的规范化要求[33]
	《城市市容和环境卫生管理条例》	1992 年	初步规定了城市生活垃圾的收集、运输和处理流程，明确了城市政府在市容环境卫生管理中的责任框架。这一法规为无害化处理概念的引入和发展奠定了制度基础，但尚未涉及具体的技术标准和操作细则[34]
规范化阶段（2000—2010 年）	《关于公布生活垃圾分类收集试点城市的通知》	2000 年	选定全国首批 8 个垃圾分类试点城市，试图以垃圾分类为切入点，从源头推动生活垃圾无害化处理进程。通过分类收集减少有害垃圾与其他垃圾的混合，不仅降低了后续处理的技术难度，还有效降低了污染风险，为生活垃圾无害化处理奠定了基础[35]
	《中华人民共和国固体废物污染环境防治法》	2004 年	规定生活垃圾污染防治需遵循全过程管理原则，涵盖从产生源头到最终处置的全流程监管；对无害化处理各环节的责任主体作出界定，突出无害化处理在生活垃圾管理体系中的核心地位；对垃圾处理设施的建设和运营提出了原则性要求，为地方具体实施细则提供了上位法依据[36]
	《城市生活垃圾管理办法》	2007 年	进一步细化了城市生活垃圾的清扫、收集、运输及处置规范。针对无害化处理环节，该办法明确了处理企业资质审核、处理设施运行维护规范，以及垃圾处理费征收管理等内容，使无害化处理工作拥有了更具操作性的制度框架，显著提升了政策的执行力与规范性[37]
快速发展阶段（2011—2020 年）	《关于进一步加强城市生活垃圾处理工作的意见》	2011 年	明确提出阶段性目标，要求到 2015 年和 2020 年分别显著提升城市生活垃圾无害化处理率。文件对垃圾分类、处理设施建设及运营管理等方面进行全面部署，为各地推进无害化处理工作提供了清晰的行动指引[38]
	《"十二五"全国城镇生活垃圾无害化处理设施建设规划》	2012 年	系统规划垃圾处理设施建设布局，加大对垃圾分类及餐厨垃圾无害化处理设施的投资，明确了新增无害化处理设施的量化指标，特别强调提高焚烧处理比例，推动技术结构优化升级[39]
	《"十三五"全国城镇生活垃圾无害化处理设施建设规划》	2016 年	进一步深化对无害化处理设施建设与升级的要求，鼓励创新焚烧发电等无害化处理技术，并注重提升资源回收利用水平，促进无害化处理与资源循环利用的协同发展[40]

续表

阶　　段	政策文件	颁布时间	主　要　内　容
高质量 发展阶段 (2021年至今)	《"十四五"城镇生活垃圾分类和处理设施发展规划》	2021年	突出高质量发展主题,进一步提升城镇生活垃圾无害化处理的精细化和系统化水平。规划提出,到2025年,全国城市生活垃圾资源化利用率应达到60%左右,强调垃圾分类与处理设施的协同性及全过程信息化监管。文件特别将无害化处理与碳减排目标挂钩,推动行业向绿色低碳方向转型,例如推广新型焚烧炉具和智能化渗滤液处理系统,提升能源利用效率,降低处理过程中的碳排放,助力实现"双碳"目标[41]
	《2030年前碳达峰行动方案》	2021年	将垃圾焚烧处理、降低填埋比例、优化厨余垃圾资源化利用技术等作为重点任务。该方案明确要求通过优化无害化处理方式,减少温室气体排放,提高资源利用效率,推动社会向低碳发展模式转变。各地在其指导下,深入挖掘垃圾处理环节中的碳减排潜力,加强焚烧及填埋环节的低碳化改造[42]
	《"十四五"节能减排综合工作方案》	2022年	聚焦节能减排,鼓励生活垃圾无害化处理设施采用节能低碳技术设备,加强节能改造和运行管理,优化能源资源利用效率。方案还倡导废弃物资源化利用,提升垃圾处理过程的碳减排效益,为实现绿色低碳转型提供了明确政策导向[43]

具体成效如下:

(1)初步提出阶段(20世纪80—90年代)

20世纪90年代初,我国城市生活垃圾无害化处理率不足20%。大量垃圾未经有效处理被随意丢弃或简易堆放,城市环境卫生状况较差,垃圾滋生的病菌和蚊虫对居民健康构成显著威胁。在此阶段,中国城市生活垃圾无害化处理技术极为有限,主要依赖传统填埋和简易堆肥方式。填埋场多为简易露天堆放或未铺设防渗层的简易填埋坑,渗滤液未经有效处理随意流淌,对周边土壤和地下水构成严重污染隐患。简易堆肥因工艺粗糙,无法彻底分解有害物质,未能实现真正的无害化,且堆肥产品质量参差不齐,肥效低,可能含有害成分,难以广泛应用于农业生产。

尽管如此,这一阶段的政策法规开启了我国生活垃圾管理的新篇章,初步涉及无害化处理的概念。但由于规定宽泛、缺乏针对性和可操作性,无害化处理在实践中难以有效落实。技术落后、设施简陋以及监管不足导致垃圾无害化处理成效甚微,但为后续更系统深入的无害化处理政策法规体系构建积累了初步经验。

(2) 规范化阶段(2000—2010年)

垃圾分类试点在部分城市推进,但因居民分类意识淡薄、分类收集与运输体系不完善,存在严重的"先分后混"问题,导致垃圾分类对生活垃圾无害化处理的促进作用未能充分发挥。在无害化处理技术方面,填埋场建设逐渐向规范化迈进,开始重视防渗工程建设,采用土工膜等材料铺设防渗层,同时渗滤液处理设施逐步配备,处理工艺不断改进,虽仍有不足,但相比之前已显著降低了对土壤和地下水的污染风险。焚烧处理技术应用规模有所扩大,但由于技术成熟度有限,二噁英等污染物排放控制不稳定,部分焚烧厂运行效果未达理想状态。据统计,到2010年全国城市生活垃圾无害化处理率达到77.9%,其中卫生填埋处理率约为70%,焚烧处理率约为18%,无害化处理水平较上一阶段有了一定提升,但仍有较大进步空间[44]。

这一时期的政策法规推动生活垃圾无害化处理走向规范化道路,全过程管理理念逐步确立,技术标准和操作规范不断细化。然而,实践中面临的诸多挑战,如垃圾分类推进困难、无害化处理技术存在瓶颈以及监管力度不足等,制约了政策法规的实施效果,不过整体上为后续快速发展阶段奠定了较为坚实的制度与实践基础。

(3) 快速发展阶段(2011—2020年)

城市生活垃圾无害化处理设施迎来快速发展,焚烧处理能力大幅提升,成为主流处理方式之一。现代化焚烧厂采用先进燃烧控制技术和烟气净化系统,有效减少二噁英等污染物排放,焚烧残渣实现安全填埋或资源化利用。

针对老旧填埋场,实施防渗工程及渗滤液处理设施提标改造,降低环境污染风险,提高特定场景下填埋的无害化效能。与此同时,全国多地全面推行垃圾分类政策,逐步完善分类收集、运输、处理体系。居民参与度和分类准确率不断提高,为垃圾源头减量及分类处理创造了良好条件。此外,回收利用在无害化处理体系中的地位日益重要,通过建立完善的回收网络及采用先进技术(如焚烧发电余热利用、餐厨垃圾厌氧发酵制沼气),提高资源化利用率。部分垃圾实现减量化和能源化,降低对传统能源的依赖,同时减少需处理的垃圾量。

此阶段在政策法规强力驱动下,生活垃圾无害化处理行业呈现蓬勃发展态势,处理设施数量与质量大幅提升,处理技术多元化且日益成熟,资源回收利用与无害化处理协同共进。尽管取得显著成效,但仍存在区域发展不平衡问题,中西部地区无害化处理设施建设和运营水平相对滞后于东部发达地区;垃圾分类工作虽有进展,但居民分类意识和习惯养成仍需持续强化,分类准确率和全链条管理的有效性有待进一步提高。

（4）高质量发展阶段（2021 年至今）

智能分类设备实现垃圾精准投放及数据采集，处理设施广泛采用远程监控与自动化控制技术，提高了管理效率并降低运行风险。多地通过宣传、志愿者服务、积分奖励等方式，提升居民分类积极性与准确率，形成分类处理的全链条管理，为源头减量和分类处理提供强有力支撑。垃圾处理行业加速市场化，推动了技术创新与服务质量提升。据统计，2024 年上半年新增垃圾焚烧发电项目中，社会资本投资占比超过 70%，提高了行业的活力和效率。推行焚烧发电余热利用、厨余垃圾厌氧发酵等技术，提高资源化利用率，降低了传统能源依赖，垃圾处理减量化和能源化水平进一步提高。

现阶段政策法规聚焦绿色、高效、智能、低碳的发展方向，推动无害化处理从设施建设到管理模式的全面升级。尽管部分地区仍面临资金短缺、技术人才不足等挑战，但整体上行业正朝高质量发展稳步迈进。无害化处理的技术创新与市场机制的结合，不仅提升了城乡环境质量，更在生态文明建设与"双碳"目标实现中发挥了重要作用。

第3章

生活固废"无废"利用技术

3.1 "三化"科学内涵与相互关系分析

"减量化""资源化""无害化"(简称"三化")是我国固体废物污染环境防治所遵循的基本原则,由于其通俗易懂,指向性强,并且顺应了国际上固体废物管理的创新理念与发展趋势,已成为政府、企业、公众、媒体以及科研机构等社会各界广泛接受和使用的重要概念,在促进固体废物处理技术与管理进步方面发挥了积极作用。

3.1.1 "三化"的法律定义

《中华人民共和国 固体废物污染环境防治法》是我国固体废物管理最为重要的法律依据,2020 年修订并于 2020 年 9 月 1 日起施行的《固体废物污染环境防治法》在"总则"第四条明确规定"固体废物污染环境防治坚持减量化、资源化和无害化的原则","三化"原则首次以法律的形式得以确立,但并未给出"减量化""资源化""无害化"的具体定义,在正文中,也难以归结发现"三化"的法定内涵和清晰边界。

《中华人民共和国 循环经济促进法》(2009 年 1 月 1 日起施行)是涉及固体废物管理的另一部重要法律,其中第二条给出了"减量化""资源化""无害化"的定义。本法所称减量化,是指在生产、流通和消费等过程中减少资源消耗和废物产生;本法所称资源化,是指将废物直接作为产品或者经修复、翻新、再制造后继续作为产品使用,或者将废物的全部或者部分作为其他产品的部件予以使用;本法所称资源化,是指将废物直接作为原料进行利用或者对废物进行再生利用。可以看出,《循环经济促进法》中定义的"减量化""资源化"均为狭义,"减量化"特指在生产、流通和消费等过程中减少废物产生,即仅限于废物"产生前减量"，不涉及废物"产生后减量"；"资源化"则将"再利用"排除在外，是否包含"能量回收"活动也语焉不详。

3.1.2 "三化"的判定标准

相关法律和规范性文件中未能明确界定"三化"的含义，在一定程度上可归因于我国学术界对"三化"缺乏统一认识，主要争议如下：①"减量化"仅是指在废物产生之前减量，还是也包括废物产生之后在排放、收集与处理过程中的减量？"减量化"的边界和标准是什么？从废物收集与处理系统分流出去就算"减量化"，还是只有得到规范利用的部分才算作"减量化"？②"资源化"仅是指废物作为原材料的利用或废物的再生利用，还是也包括将废物直接或加工后全部或部分作为产品的"再利用"？"资源化"的边界与标准是什么？是实现分离回收，是进入符合标准的资源回收设施，还是必须转化成为合格的产品才属于"资源化"？能量回收是否跟物质回收一样属于"资源化"？③"无害化"仅针对焚烧、填埋等最终处置方式，还是也针对各种废物减量以及资源能源回收方式？"减量化""资源化"是否首先必须满足"无害化"要求？"资源化"是否必然优先于"无害化"？"减量化""资源化"是否可以替代"无害化"？

上述争议也导致各地在开展固体废物"三化"评价时缺乏可靠、可比、可操作的指标体系。对同样的废物处理系统，采用不同的指标，划定不同的边界，得到的评价结果可能大相径庭，导致公众和政府、媒体和企业、国内和国外对相关数据"各取所需""各说各话"。比如我国不少媒体在报道垃圾分类和"无废城市"建设的国际经验时，常常提到瑞典生活垃圾资源回收率高达 99%，德国达到 64%，而日本仅约 20%。同为废物管理领先全球的发达国家，资源回收状况差距有这么大吗？显然不会！实际情况是瑞典将占比高达 49% 的垃圾焚烧量也统计在了"资源回收"当中，导致资源回收率翻了一番；德国将进入机械生物处理厂的垃圾全部计入"资源回收"，其实其中仅有 6% 的垃圾真正成为资源；而日本的"资源回收"统计数据中仅包含直接或二次加工后的物质回收量，不包括焚烧量，而且厨余垃圾也归类为可燃垃圾进入焚烧炉处理。如果按照瑞典的统计方法，则日本的生活垃圾"资源回收率"也超过了 99%，我国不少城市的"资源回收率"也超过了 90%。

我国再生资源回收系统回收了大量的纸张、塑料和金属类废物，如果将其全部纳入"资源化"指标，则我国的生活垃圾"资源回收率"已接近美国、法国等发达国家水平，通过源头分类进一步提高资源回收率的空间已经很小。但是如果将"资源化"指标的边界向回收利用全链条延伸，进一步考察回收利用设施的环境管理水平和产品及产物的不同去向，可能会发现形势并不乐观，部分废物可能是以污染环境、破坏生态、危害健康为代价得到回收利用的,这部分废物被纳入"资源化"指标显然是不合适的。如果不加区分地将前端分流的废物全部纳入"资源化"指标,无异于认同电子废物"酸浸火烧"回收金属、医疗废物制备饮用水管、废轮胎生产塑胶跑道、餐厨垃圾"野火私炼"以及"地沟油"返回餐桌也是"资源化"手段。

3.1.3 "三化"与相关国际术语对应关系

学术界对"三化"未形成统一认识也表现在其与国际上相关概念在内涵和外延上不尽匹配,作为术语翻译时常常出现望文生义甚至生搬硬套的问题。由于现代化固体废物管理发源于也兴盛于西方发达国家,他们在长期实践中形成的先进理念如"循环经济""城市矿产"等非常值得我们学习和借鉴。严格推敲相关概念的内涵,按照匹配度由大到小排序,可以与"减量化"对应的英语术语包括"Waste Minimization""Waste Reduction"和"Waste Prevention",可以与"资源化"对应的英语术语包括"Waste Valorization""Waste Recycling"和"Resource Recovery",可以与"无害化"对应的英语术语包括"Environmentally Sound Management"和"Safe Disposal"。

"Waste Minimization"指采取清洁生产、源头减量及回收再利用等措施,减少废物的数量、体积或危害性,以利于后续贮存、处理或处置,减轻废物在目前和未来对人体健康及生态环境的危害,既包括产生前减量,也包括产生后减量。

"Waste Valorization"指一切能够实现废物再利用、再生利用、物质回收、能量回收的过程,包含了我国《循环经济促进法》中提出的"再利用"和"资源化"。

"Environmentally Sound Management"指能够节约自然资源、保护人体健康和生态环境少受乃至不受负面影响的废物管理方式,其针对的是废物"从摇篮到坟墓"的全过程,不仅适用于废物的最终处置过程,同样适用于废物减量及回收利用过程。

厘清"三化"与国际上相关概念之间在内涵与外延上的联系,进而确立"减量化"与"Waste Minimization"、"资源化"与"Waste Valorization"、"无害化"与"Environmentally Sound Management"之间的对应关系,有助于我们在整体上准确界定与客观认识"三化"之间的关系。

3.1.4 从环境质量改善看"三化"

"三化"之间究竟是什么关系,需要在明确固体废物基本属性的基础上来把握。

与原生资源相比,固体废物具有特性复杂多变、污染物含量高、资源品质低的特点。以原生资源为基础的生产过程尚且难以避免环境污染，而且由于国际国内市场波动不时处于亏损状态，更不用说将固体废物作为替代资源的生产过程。回收利用固体废物中蕴含的物质和能量，必须有新的物质和能量输入，即要付出相应的经济成本；同时必然产生新的污染排放，即也要付出相应的环境代价。如果回收利用的经济成本低于其作为替代资源的价值，全生命周期污染排放也低于其他方案，那么这样的回收利用就是利大于弊的和可持续的，反之就是得不偿失的和不可持续的。社会上一批暴利式的固体废物"资源化"产业无一不是以牺牲环境为代价换取的，如全球闻名、盛极一时的广东贵屿电子废物拆解与回收产业，一批人从中攫取了巨额利润，但所付出的环境代价则要数代人来承担和偿还。固体废物处理领域形形色色的号称能够"吃干榨尽"、实现"零污染""零排放"的"资源化"技术，实际上都违背了基本的科学规律，不同程度地存在"移花接木""瞒天过海""掩耳盗铃"的问题。

某些难以处理危险废物的"资源化"利用技术，将少量危险废物掺混于大量原生材料中进行处理，使前端处理过程中历经多重环节、付出很大代价才富集到相对稳定的少量废物中的目标污染物——重金属的一部分重新释放到水、大气和土壤等环境介质中，大部分则被高度稀释后分散在更易暴露于人群的产品中，使产品中的重金属含量数倍地增加，表面上看是解决了棘手问题，实现了"废物资源化"，实质上则是增大了环境风险，降低了产品品质，阻碍了产品服务期满后的再生利用，造成了"资源废物化"。厨余垃圾分类处理是垃圾分类中的焦点和难点问题，一些地方不顾实际条件，盲目追求虚高的厨余垃圾分出率，采用大量耗水或耗能的技术处理，仅回收了一小部分物质或能量，产物大部分仍然需要进入填埋场或焚烧厂处置，在处理成本大幅增加的同时，整体污染物排放和环境风险不降反升。由此可见，固体废物"资源化"并不是无条件的，条件就是首先必须满足"无害化"要求，要取得环境效益、社会效益、经济效益之间的平衡。

"减量化"是固体废物处理的有效途径。在工业生产环节推行清洁生产和循环经济，在居民消费和生活环节提倡绿色消费和绿色生活，尽可能在源头减少固体废物的产生，即"产生前减量"是最为经济高效、环境友好的固体废物"处理"方式。垃圾分类、"无废城市"、"限塑禁塑"等国家战略实施的重要目的就是形成倒逼机制，促进生产、流通、消费、生活环节的绿色化，进而实现废物的"产生前减量"。我国单位 GDP 的固体废物产生量依然远高于发达国家，消费和生活过程中的食物浪费、过度包装、一次性塑料制品滥用现象依然很严重，是固体废物"减量化"可以大有可为的地方。但是，推出"产生前减量"的措施也要在系统评估的基础上科学决策，避免出现"压下葫芦起了瓢"的问题。比如为了减少塑料垃圾,对社会关注度极高的一次性塑料制品,可以采用可生物降解塑料制品替代,但必须综合考虑回收系统是否配套,降解条件是否满足,降解产物是何物质,生产成本增加多少,产能是否满足要求,在此基础上精准替代,稳步推进。否则就可能出现"把性能好的替换成性能差的,价格低的替换成价格高的,质量轻的替换成质量重的,环境友好的替换成环境不友好的"的事与愿违的情况。

固体废物"产生后减量"则与"资源化"一样,也必须付出相应的经济成本和环境代价。事实上大部分的"产生后减量"措施同时也是"资源化"措施。一些具有显著"减量化"效果的技术必须在全局、全链条的层面上加以审视,才能确定其对环境保护是否具有正面意义。比如居民家庭产生的厨余垃圾粉碎后排入下水道,可以大大减少进入收运与处理系统的生活垃圾量,是部分发达国家行之有效的生活垃圾"减量化"方式,但是如果没有完善的并且与之相配套的管网系统,就有可能导致污水管网堵塞、污水泄漏污染河流水体或地下水、沼气局部聚集发生爆炸等问题,其对环境质量改善的效果很可能还不如直接进入规范的生活垃圾处理系统。再比如污水处理厂污泥脱水的减量化效果明显,但是如果不能统筹考虑后续处理工艺的需要,脱水后的污泥可能还需要大量加水才能得到进一步处理,同时为提高脱水效果添加的化学药剂可能对污泥的后续处理或利用存在不利影响甚至形成制约,使前端的脱水完全失去意义。所以说,固体废物"减量化"也必须首先满足"无害化"要求。

3.1.5　"无害化"是固体废物管理的根本目的和总体要求

改善区域环境质量、保障生态环境安全是我国生态环境保护工作的根本目的,同样也是我国固体废物管理工作的根本目的。固体废物如何管理才能服务于上述目标的实现是值得我们认真思考的问题。树立全系统思维,实行全生命周期管理,开展全链条设计,构建从清洁生产、源头减量到产品循环使用、物质再生利用、产业生态链接,再到能量回收利用和少量残渣安全处置的"无废"处理系统,切实有效地减少污染物产生与排放,节约自然资源,保护人体健康和生态环境少受乃至不受负面影响,才能够对改善区域环境质量、保障生态环境安全作出积极贡献。

从上述分析可以看出,"减量化""资源化""无害化"三者之间不是平行并列关系,也不是层序递减关系,更不是对立冲突关系。"三化"之间的关系应该是:"无害化"是固体废物管理的根本目的,是固体废物管理的总体要求,固体废物从产生、收集、运输到减量、再利用、再生利用、回收利用都必须遵循这一要求;"减量化""资源化"是固体废物"无害化"管理的重要手段,"减量化""资源化"应服从和服务于"无害化"。只有满足"无害化"要求的"减量化"和"资源化"才是真正意义上的"减量化"和"资源化",否则不过是"障眼法",实质上是污染转移、污染延伸或污染扩散,不但对改善区域环境质量、保障生态环境安全没有积极作用,反而会对人体健康和生态环境产生更大的危害。

3.2 源头减量提质技术

3.2.1 厨余垃圾源头减量技术

厨余垃圾是我国垃圾处理行业发展过程中长期面对的核心对象。厨余垃圾高含水率、低热值的特性不利于分类后的收集运输作业开展,也不利于混合处理时焚烧或填埋处理的进行。因此,如何从源头开展厨余垃圾减量成为提升垃圾处理效率的关键途径[45]。

目前常见的厨余垃圾源头减量方式有两种,一是将厨余垃圾破碎后直排进下水管道,避免进入垃圾处理系统;二是将厨余垃圾沥水,降低组分中含水率,减少进入垃圾处理系统的质量。

厨余垃圾破碎直排即通过在厨房洗菜盆等排水口处安装处理机将厨余垃圾破碎后排入下水道系统。厨余垃圾破碎机期望改变厨余垃圾的物流,不将其作为固体垃圾处理,而是将其破碎之后排入城市污水处理系统。处理机可方便地将菜头菜尾、剩菜剩饭、瓜皮果核等食物性垃圾破碎成细小的颗粒后排入净化池(化粪池)或污水系统,从而方便地解决了食物垃圾造成的脏乱和难闻的气味等问题,同时也解决了城市污水处理厂碳源不足的问题。目前,英国、美国、加拿大等国家已经广泛使用,我国北京、上海等城市也有少量应用。然而,厨余垃圾破碎直排后进入污水处理系统可能会对污水管网造成堵塞等问题,应用时应选择排水系统较好的小区(图 3-1)。

根据对象不同,厨余垃圾沥水又可细分为家庭厨余垃圾源头沥水和非居民厨余垃圾油、水、渣三相分离。

前者指居民在源头通过滤网将厨余垃圾中多余的水分、汤汁沥出并排入下水道,剩余固形物再作为厨余垃圾进入垃圾处理系统。实践表明,源头沥水后家庭原生厨余垃圾质量可以降低 12% 左右。

后者指食堂、餐馆、酒店等非居民厨余垃圾产生源采用油水分离器,利用油与水的密度差异,在重力作用下将厨余垃圾中的油脂与水分进行分离。该方法既可以实现油脂回收,又可以将厨余垃圾中多余的水分滤出并排入下水道,实现源头减量的作用(图 3-2)。

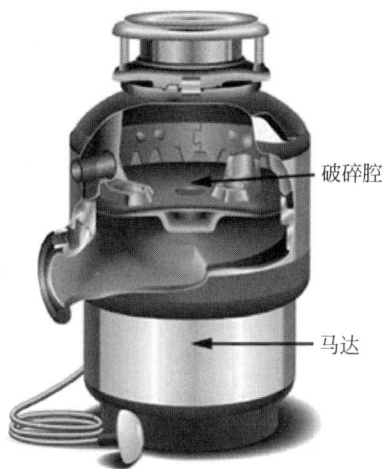

图 3-1 家庭厨余垃圾破碎机

破碎腔

马达

图 3-2 非居民厨余垃圾油水分离器

3.2.2 建筑垃圾源头减量技术

我国每年产生超过 10 亿吨的建筑垃圾,约占城市垃圾总量的十分之一。建筑垃圾源头减量技术是指在建筑项目的规划设计、施工及拆除等各个阶段,采取一系列措施以减少建筑垃圾的产生。这些措施不仅有助于降低废弃物对环境的影响,还能节约资源和成本。

首先在建筑物前期规划设计过程中应从用户实际需求出发,实现多元化功能需求,避免后期的改造或拆除重建工程,间接减少建筑垃圾产量。同时可采用装配式建筑提高材料的利用率。据统计,装配式建筑较传统建造模式可缩短一半以上工期,同时减少 75% 以上的建筑垃圾与 25% 以上的材料浪费[46]。

项目施工前,可通过运用 BIM+5G 技术进行施工模拟,减少施工过程中可能出现的"错漏碰缺"等问题,获取最佳施工方案,辅助施工现场管理,合理减少返工、现场打洞开槽等,减少建筑垃圾。

施工过程中应强化工地管理,督促工程施工单位编制建筑垃圾方案,明确建筑垃圾数量及处置方式,提高临时设施和模板、支撑体系等周转材料的重复利用率,减少转移的建筑垃圾量。应优先选用绿色建材,实行全装修交付,减少施工现场建筑垃圾的产生。可推进施工现场建筑垃圾因地制宜、分类利用的就地处置与再利用[47]。具体施工技术措施可参考 2020 年住房和城乡建设部颁布的《施工现场建筑垃圾减量化指导手册(试行)》。

建筑物拆除前应进行全面评估,可利用 BIM(建筑信息模型)软件模拟拆除过程,确定哪些材料可以回收或再利用,提前规划最佳的材料回收路径,为后续的分类拆解提供指导。拆除过程中应首先尽可能将完整门窗、砖块、石材、木地板等完整拆除后直接应用于新项目中或出售给二手市场。对于一些不能直接再利用的大件废弃物,如钢筋混凝土,可以通过破碎机将其粉碎成骨料,用于生产再生混凝土或其他建筑材料。拆除获得的不同材料(如金属、木材、混凝土等)进行标记,以便于后期的快速分类,拆解出的各类可回收材料应分类存放,确保材料的纯度,提高其再利用率。

3.2.3 大件垃圾源头减量

大件垃圾源头减量的核心在于减少大件家具家电的废弃,在大件垃圾产生之前或产生的初期阶段就采取行动,降低后续处理压力,具体可从以下三个方面开展:一是鼓励消费者购买质量更好、更耐用、更环保的产品,并从多个层面提供维修服务来延长大件物品的使用寿命,减少大件垃圾的产生量。二是支持二手交易市场的发展以及慈善拍卖、捐赠、翻新再生等活动,促进旧家具、家电等大件物品能够在不同用户之间流转,实现多次使用。三是促进家电生产企业通过自建回收网络、委托回收、联合回收等方式,落实回收目标、推进规范回收处理的生产者延伸责任制。

3.3 资源化利用:物质回收技术

3.3.1 再生利用技术

1. 塑料再生技术

随着塑料产业快速发展以及"白色污染"形成的环境问题不断凸显,塑料制品的高效处理已经成为亟须解决的难题[48]。由于塑料具有产量高、难降解且回收价值大的特点,因此塑料废弃物的再生利用作为一项节约能源、保护环境的措施,受到了世界各国研究人员的广泛关注。研究表明,塑料再生对减少CO_2排放有重要意义,相比填埋和焚烧这类最终处置方式,再生利用 1 t 塑料可减少 $1.5\sim2$ t CO_2 当量温室气体。在废旧塑料回收利用方面,发达国家起步较早,已成功开发出一系列废旧塑料再生的新技术、新工艺、新设备,取得了明显成效。

我国废旧塑料再生资源体系经过一段时间的发展,目前已逐步趋于完善。2007 年,商务部、国家发展和改革委员会等发布了《再生资源回收管理办法》,鼓励塑料再生行业积攒交售再生资源,在 2015 年,商务部等部门正式发布了《再生资源回收体系建设中长期规划(2015—2020 年)》,对建立再生资源体系有了一个整体性的方案。2019 年 9 月 9 日,中央全面深化改革委员会第十次会议审议通过《关于进一步加强塑料污染治理的意见》。2020 年 1 月 16 日,国家发展和改革委员会、生态环境部联合发布《关于进一步加强塑料污染治理的意见》,明确提出规范塑料废弃物回收利用,推动塑料废弃物资源化利用的规范化、集中化和产业化,强化创新引领、科技支撑,有力有序有效治理塑料污染。2021 年 9 月 16 日,国家发展和改革委员会、生态环境部联合对外发布《"十四五"塑料污染治理行动方案》,方案明确规定,到 2025 年,塑料制品生产、流通、消费、回收利用、末端处置全链条治理成效更加显著,白色污染将得到有效遏制。

自 2013 年以来,国内废塑料回收量逐年增长,废塑料质量同步提升。目前,全国各地已形成了不同规模的废旧塑料加工、经营集散地,市场需求持续稳定,交易数额巨大,呈现出蓬勃发展之势。据统计,2018 年我国废塑料的回收价值高达 1190 亿元,这在一定程度上预示着我国未来塑料再生行业市场将进一步向着回收加工集群化、市场交易集约化、以完全依靠市场需求和价格驱动为导向的自由市场化的环保产业经济方向发展。但由于我国当前垃圾分类和回收体系仍不健全,目前塑料废弃物回收利用率较低,与发达国家水平尚存在一定的差距,有数据显示,2023 年中国废塑料为 6200 万吨,回收量只有 1900 万吨。而中国物资再生协会再生塑料分会统计数据显示,2023 年中国国内废塑料回收量为 1900 万吨,较 2022 年增加 100 万吨;再生塑料总供应量为 1600 万吨,较 2022 年增加 50 万吨,增幅为 3%。

废弃塑料的回收利用主要包括物质回收和能量回收两大类,国际回收标准指南按照回收优先顺序,将废弃塑料回收利用分为四级,第一、第二级为材料再生,即物理回收,第三级为化学回收,制取化学品或油品,第四级为废弃塑料焚烧,即能量回收。物理回收不改变塑料化学组成,主要通过收集—粗略分类挑选—简单清洗破碎—熔融加工等制备再生塑料制品,广泛用于单一材质的热塑性废弃塑料的回收利用。化学回收采用裂解技术将废弃塑料降级回收为可再次使用的燃料(汽油、柴油等)或化工原料(乙烯、丙烯等),由于化学回收装备复杂、能耗高,从经济角度一直被认为难以推广应用[49]。能量回收即燃烧回收热能,主要适用于传统物理法和化学法无法回收利用的污染严重的废旧塑料,通过垃圾焚烧产生高温气体用于发电,如图 3-3 所示。

2. 纸张再生技术

近年来,我国不断加大推动废纸回收再利用的力度,废纸已经成为支撑我

图 3-3　废旧塑料再生利用循环图

国造纸工业发展的重要纤维原料。根据《2023 年度中国回收纸行业发展报告》，2023 年全国回收纸回收量为 6229 万吨，相较于 2022 年下降 4.1%。

　　2014—2022 年，中国废纸回收量及回收率均呈波动上升趋势。2014 年，中国废纸回收量为 4841 万吨，回收率为 48.1%；到 2022 年，我国废纸回收量达到 6600 万吨左右，回收率增至 53% 以上，这得益于国民环保意识的提高以及垃圾分类的推广。目前我国废纸回收率与国外相比仍存在一定差距，原因主要在于我国箱板纸、瓦楞纸等约 30% 的纸张总量以包装、说明书和标牌等形式间接净出口，无法进行回收。因此，还经常需要从国外进口废纸来满足国内的循环生产需求，尽管近年来，我国废纸进口量大幅削减，2021 年我国废纸进口量为 54 万吨，同比下降 92.16%，但相比于我国废纸出口量（0.12 万吨），废纸进口体量仍然十分巨大，其中美国的废纸 50% 流向中国。为解决这一问题，目前发达国家的普遍做法是将随出口产品带走的包装物和纸产品再度跨国回收，以废纸贸易的形式回到本国的循环体系。

　　废纸制浆（图 3-4）是废纸利用最为广泛的途径，获得的高品质纸浆可用于生产再生包装纸、再生新闻纸等。纸厂回收的废纸中包含了大量的杂质，这些杂质主要有以下三个来源：一是来源于原纸，即在原纸生产过程中加入的各种添加剂，如填料、染料、涂料及各种化学助剂；二是来源于使用过程中加入的各种物质，如印刷油墨、涂料、金属箔及各种胶黏物；三是来源于回收过程中混入的各种物质，如铁丝、打包带、沙子、石头、纸夹、文件夹等。从根本上说，废纸处理过程就是分离这些杂质的过程。要除去如此多且特性不同的杂质,废纸必须经过一个复杂的处理流程。

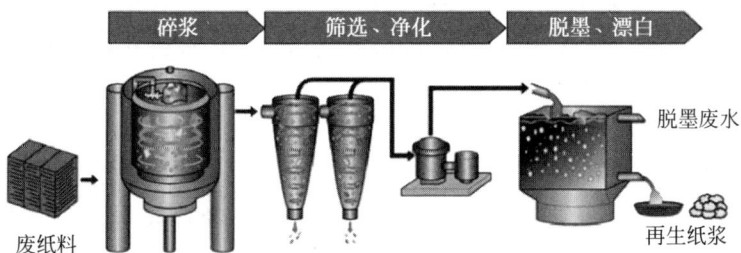

图 3-4　废纸造浆处理流程图

20 世纪 90 年代以来,随着废纸回收范围的扩大,回收废纸的质量日益下降,杂质增多,加上新型油墨、新型胶黏物的不断出现,废纸处理难度加大。用质量日益下降的废纸生产高质量的废纸浆,成为废纸处理技术所面临的一个新的挑战。因此,废纸处理流程也变得更为复杂。相比 20 世纪 70 年代普遍采用的单回路处理流程,现在所用工艺流程已经发展到包括三道浮选、三道洗涤浓缩、二道热分散、二道漂白、三道气浮的三回路处理流程。抛开具体的处理流程不谈,每条废纸处理流程基本上都是由碎浆、筛选、净化、脱墨(浮选与洗涤)、热分散、漂白等重要的单元操作组成。

废纸的资源化利用虽然主要用于生产再生纸的纸浆原料,但各国目前都在为了更有效地利用废纸,积极探索研究废纸资源化利用的新途径,一是生产包装及建筑材料。以废纸为原料生产高强度理纱包装纸袋,夹在纸中的纱线可在 90℃水中溶解,将纱线埋入纸浆中,可一次成型为包装纸袋。制得产品透气性好、强度高、无毒无污染,可以重复利用,主要用于粉粒状物料的包装及制作购物袋和小邮政袋等。二是制造家具和文具。使用废旧纸张还可以作为家具原材料,与其他家具材料相比,纸质材料具有无毒无污染、易于回收、可重复使用、易降解等众多优点。废旧纸张还可用于制造文具。日本在 20 世纪 90 年代初发明了一种利用废报纸制作铅笔的技术。既可节省木材,又可达到保护环境的目的。这种铅笔成本低、容易刨削,轻巧耐用,深受使用者的欢迎。三是改善农牧业生产。美国的土壤专家设计出一种用粉碎的废报纸改造土壤的方法,通过向原土壤中加入碎废纸屑和鸡粪的混合物,可以使牧场土壤变得更肥沃松软,这种土壤不仅适合牧草的生长,也适合种植大豆、棉花和蔬菜等多种作物,且产量颇高,对土地也不会产生任何副作用;美国的动物营养学家用废纸打碎成浆制作牛羊的饲料,牛羊吃后可比吃普通饲料增重 1/3;英国科研人员还开发出了利用废纸培育平菇的技术,具有较高的经济价值。四是制造化工原料和生物质能源等。废报纸中富含纤维素和半纤维素,这些纤维素经酸处理溶解可用于葡萄糖的生产,相对于原生纤维素,废纸纤维素更利于水解利用。由废纸生产的葡萄糖经发酵变成乳酸,乳酸合成聚乳酸,进而可以生产出可降解塑料。此外,将这些废纸纤维素转化为清洁氢能,可以用于生产甲烷和纤维素乙醇等其他生物质燃料。

3. 贵重金属回收技术

贵重金属广泛存在于可回收物、电子废弃物、焚烧炉渣、飞灰、拆解废物等固体废弃物中,具有很高的回收价值,属于二次资源。现有的贵金属再生技术主要分为火法冶金和湿法冶金两大类:火法冶金是指通过焚烧、熔炼、烧结或熔融等火法处理手段去除废料中塑料及其他有机成分,使废金属得到富集,并进一步回收利用的方法,是一种重要的贵金属回收技术。火法冶金有熔炼、火法氯化及高温挥发、焚烧等工艺。湿法冶金,即将贵金属浸出到溶液中形成离子状态,再从浸出液中分离提纯金属的方法。湿法冶金包含溶剂萃取法、离子树脂交换法、氧化沉淀法、电沉积法、金属置换法等分离技术。与一次贵金属资源的开发利用相比,贵金属二次资源来源广泛、种类繁多、品位和性质差异大,因此,针对不同回收途径的贵金属废料需要采取不同的再生方法。目前,常见贵金属二次资源的回收途径有催化剂废料回收、电子废弃物回收、焚烧炉渣及飞灰回收等(图 3-5)。

图 3-5　贵金属二次资源的回收途径

电子废弃物中含有银、金、钯等贵金属,以及铜、锡等有色金属,具有较高的回收价值[50]。目前,电子废弃物中贵金属回收工艺可分为前处理和后续处理两个阶段。前处理是金属精炼提纯的预处理过程,主要指机械处理方法,其目的是将金属与非金属分离,得到金属富集体。后续处理过程对金属富集体进行精炼,得到高纯度金属,主要包括机械处理、火法冶金、湿法冶金、生物方法及其他回收技术。其中,机械处理技术是电子废弃物的前处理技术,其目的是将电子废弃物中金属与非金属分离,主要包括拆解—破碎—分选等过程,通过拆解去除电子废弃物中含有毒物质的电子元件,进行集中处理。火法冶金技术主要有焚烧熔出工艺、高温氧化熔炼工艺、浮渣技术、电弧炉烧结工艺等,是目前用于工业回收废电脑及其配件金属的技术。湿法冶金技术的基本原理是将破碎后的电子废弃物颗粒置于水溶液介质(如酸、碱等溶液)中,通过化学或物理化学作用而实现提取目标金属的化学冶金过程,包括浸硝酸—王水法、氰化法、溶剂萃取法以及氨—硫代硫酸盐浸出法。近年来,湿法回收技术中用于提取贵金属的主要是氰化法和溶剂提取法。生物冶金技术被认为是最具发展潜力的冶金方法之一,其回收贵金属的过程一般有两种方式,生物浸出和生物吸附。除上述方法外,目前国内外对于电子废弃物中贵金属的回收还开发了一些新型技术,如真空连续蒸馏技术、液膜萃取技术等。

垃圾焚烧是我国生活垃圾无害化处理的重要措施,而焚烧炉渣是生活垃圾焚烧的主要副产物,占焚烧垃圾质量的 $15\%\sim25\%$。生活垃圾焚烧炉渣中含有大量金属,主要成分为铁、铜、铝,其中可回收金属成分占炉渣总量的 $5\%\sim8\%$,对炉渣中金属回收性的研究显示,炉渣中铁、铜、铝的回收率分别为 14.8%、52.7% 与 73.1%,由此可见,炉渣内部有价金属的可回收率相对较高,回收处理具有一定的可行性[51]。通过回收炉渣中的金属可以有效再生金属资源,使炉渣得到高值化利用。目前,回收炉渣中贵重金属采用的方法主要包括重力密度分选、磁选和涡电流分选。其中,重力分选依据物料密度的差异进行分离;磁选是基于不同组分物料磁性差异的分离方法,适用于炉渣中磁性金属的分选;涡电流分选是基于物质导电率不同的分选技术。由于重力分选回收获得的金属产品品位低,不能满足产品再冶炼的要求,而磁选和涡电流分选具有适应性好、专一性强的优点,故二者已被广泛用于炉渣金属回收。

飞灰中含有大量的金属,如将其回收利用,不仅可以缓解我国金属资源短缺的问题,而且可使飞灰由危险废物转化为惰性固体废物而加以利用,对于解决我国垃圾焚烧飞灰资源化问题具有重要意义。焚烧飞灰分为一次飞灰和二次飞灰,垃圾焚烧过程产生的飞灰称为一次飞灰;从一次飞灰熔融过程产生的飞灰或来自气化/熔融炉的飞灰称为二次飞灰。一般情况下,一次飞灰中锌、铅及铜金属的质量分数分别为 0.8%、0.12% 和 0.14%;而二次飞灰中三种金属的质量分数分别为 40.18%、10.7% 和 1.5%,故通常从二次飞灰中回收锌、铅、铜金属。常用的回收方法有化学药剂浸提法(酸浸取、碱或氨浸取)、生物浸提法以及超临界流体萃取技术等。

4. 金属废弃物的回收工艺

目前,电子废弃物的处理技术主要包括湿法、生物法和火法等。湿法冶金工艺主要采用酸浸法回收金属。其中,硝酸、盐酸、硫酸和高氯酸是常用的浸出溶剂,硝酸和盐酸配制的王水用于无差别浸出,能够快速地将电子废弃物中的轻金属、重金属和贵金属等浸出,然后沉淀。生物法的基本原理是利用某种微生物或其代谢产物与电子废弃物中的金属相互作用,产生氧化、还原、溶解、吸附等反应,从而实现其中有价金属的回收。

火法冶金工艺是电子废弃物中有色金属回收的传统方法,也是从电子废弃物中回收贵金属的主要方法。火法冶金回收电子废弃物的基本原理是利用冶金炉高温加热剥离非金属物质,使贵金属熔融于其他金属熔炼物料或熔盐中,最后加以分离。非金属物质主要是印刷电路板材料等,一般呈浮渣物分离去除,而贵金属与其他金属呈合金态流出,再精炼或电解处理。该工艺方法具有简单、方便和回收率高的特点,主要有焚烧熔出、高温氧化熔炼、浮渣技术、电弧炉烧结工艺等(图 3-6)。

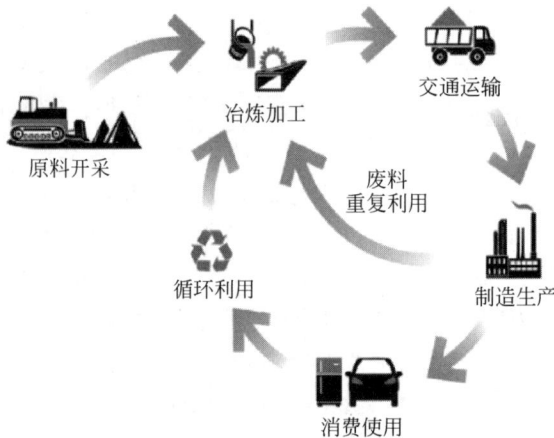

冶炼加工
交通运输
原料开采
废料
重复利用
循环利用
制造生产
消费使用

图 3-6 金属生命周期循环图

5. 电子废弃物回收技术

根据美国环境保护署的调查,与初级金属生产相比,从电子废弃物中回收金属资源可减少二次废物并降低能源消耗,具有显著的优势。电子废弃物的处理可大致分为三个主要步骤:①拆解:针对性地选择有害或有价值的成分进行特殊处理的选择性拆解是电子废弃物回收必不可少的过程;②富集:使用机械/物理处理/冶金处理来提高所需的材料含量,即准备用于精炼的材料;③精炼:作为回收的最后一步,回收的材料通过化学工艺进行处理并提纯,使其能被再次使用。机械物理法回收通常是将废弃电路板上的元器件拆解,然后将去除元器件的电路板破碎,使得电路板中的金属和非金属完全解离,进而基于各组分的密度、磁性、导电性等差异来进行分选,如图 3-7 所示。主要采用的操作有锤式破碎、气流分选、磁选、涡流分选、静电分选等。通常拆解操作主要是手工完成,近年来,随着废弃电路板的数量日益增加,机械及自动化拆解技术成为拆解研究发展的热点。

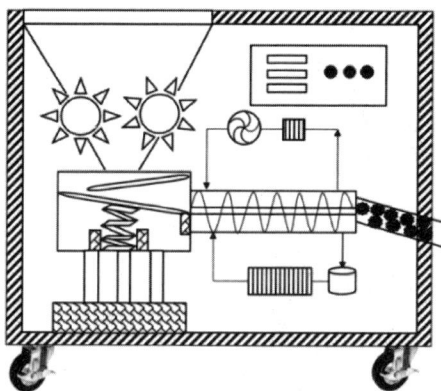

图 3-7 机械物理法-破碎热解处理

3.3.2 建材化利用技术

1. 再生无机混合料

利用再生骨料配制的无机混合料道路基层用稳定材料称为再生无机混合料。建筑垃圾再生无机混合料由再生骨料、石灰、粉煤灰、水或者再生骨料、水泥、水拌制而成。再生无机混合料具有应用量大、强度要求低、可相对多比率地消耗微粉等特点,得到了较大范围的推广应用。

在分类方面,建筑垃圾再生骨料无机混合料主要分为 3 种,即水泥稳定再生骨料无机混合料、石灰粉煤灰稳定再生无机混合料、水泥粉煤灰稳定再生骨料无机混合料。

在结合料、骨料的选择方面,无机混合料用结合料可以是水泥、水泥+粉煤灰或水泥+石灰,以上 3 种结合料目前都有使用,只是在不同地区因为石灰质量、价格及混合料运输等条件的限制有其不同的适用性。无机混合料用骨料可以全部是再生骨料,也可以是再生骨料与天然骨料按一定比例混合形成的骨料。相较于分别对再生骨料和天然骨料做出规定，从实际出发，对无机混合料所使用的全部骨料总体进行统一规定，更有利于实现对无机混合料的质量控制。因此，在对全部骨料理解为级配骨料的基础上，明确了再生级配骨料概念，即掺用了再生骨料的级配骨料。

再生无机混合料的生产工艺与普通无机混合料的生产工艺基本相同。利用建筑垃圾再生骨料制备道路基层用无机混合料的生产工艺流程如图3-8所示。

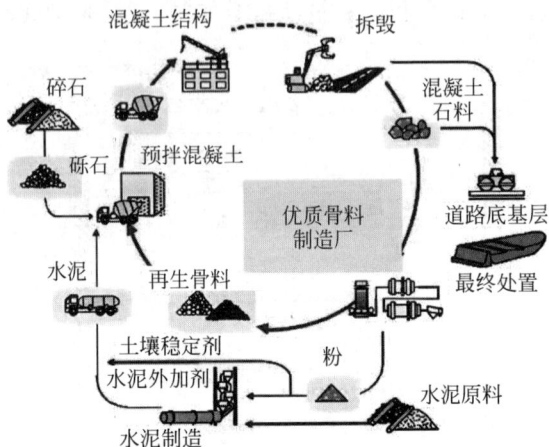

图3-8　再生骨料制备道路基层用无机混合料工艺

具体来说，再生无机混合料的制备过程按照混合料所用的结合料的不同只在初期原料配置上存在一定差异，后续工艺完全一致。再生骨料和结合料按照计量调配之后，进行搅拌以保证骨料和结合料充分混合均匀，之后产品经检验合格后即可出厂。

2. 再生预拌砂浆

预拌砂浆是指由水泥、砂及所需的外加剂和掺合料等成分，按一定比例，经集中计量控制后，通过专用设备运输、使用的拌合物。预拌砂浆包括预拌干混砂浆和预拌湿砂浆。

预拌砂浆按功能又可分为地面砂浆、抹灰砂浆、砌筑砂浆、装饰砂浆、地面自流平砂浆、瓷砖黏结砂浆、抹面砂浆、抹面抗裂砂浆和修补砂浆等。目前配制建筑砂浆的胶凝材料主要是硅酸盐类水泥。

将废弃混凝土等建筑垃圾土经过破碎、清洗、分级后，按照一定的比例混合形成再生细骨料，部分或全部代替天然细集料（0.6～5 mm）配制的砂浆称为再生砂浆。相对普通砂浆，再生砂浆具有密度小、保水性好等优点。

　　将建筑垃圾经特定处理、破碎、分级并按一定比例混合后,形成的以满足不同使用要求的骨料就是再生骨料,其中粒径尺寸范围为 0.08～4.75 mm 的再生骨料称为再生砂(图 3-9)。主要包括建筑垃圾破碎后形成的表面附着水泥浆的砂粒、表面无水泥浆的砂粒、水泥石颗粒及少量破碎石块。以再生砂配置的砂浆称为再生骨料砂浆。

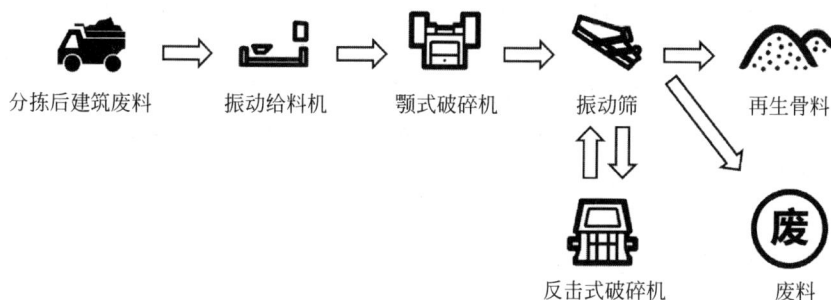

图 3-9　建筑垃圾制作再生骨料流程

　　干混砂浆生产流程相对简单,但其生产有显著的特点,可以理解为"粗粮细做","细做"体现在:

　　一是干混砂浆是由专业生产厂采用自动化生产工艺生产制备的;

　　二是针对不同的基体和建筑施工要求,干混砂浆配方不同;

　　三是干混砂浆生产需各种功能性添加剂,其种类很多,掺配比例在百分之几、千分之几,要求达到的计量精度高、搅拌均匀度高;

　　四是干混砂浆施工有专用机具,施工现场整洁、环保。

3.3.3　有机垃圾堆肥技术

　　高温好养堆肥是有机生活垃圾(厨余组分、园林垃圾等)资源化的常规方法之一,这一过程是在可控的外部条件下,通过生物作用,实现有机固体废物稳定化的过程。厨余垃圾中有机质含量高、营养元素较为全面,对于堆肥过程微生物是良好的底物,同时,厨余垃圾中杂质和有毒有害物质含量较少,利于堆肥产品的利用,因此厨余垃圾非常适合用堆肥技术进行处理[52],但需要注意的是,餐饮厨余垃圾中油脂含量较高,这部分油脂一定程度抑制微生物活性,因此需先通过预处理将其提取;而对于未经过很好分类的生活垃圾,内部的无机物和难以生化降解的塑料、橡胶、合成纤维等有机物,也必须分拣后才可以进行堆肥。

　　堆肥是指将有机垃圾与填充物料按照一定比例混合,在合适的水分、通气条件下,使微生物繁殖并降解有机质,从而产生高温,杀死其中的病原菌及杂草种子,使有机物达到稳定化。根据处理过程中起作用的微生物对氧气的不同要求,可以把有机废物堆肥分为好氧堆肥和厌氧堆肥。好氧堆肥堆体温度高,一般在 $50\sim65℃$,故也称为高温堆肥。由于高温堆肥可以最大限度地杀灭病原菌,同时对有机质的降解速度快,因此高温好氧堆肥应用相对较多。

在我国城市垃圾处理中,堆肥方式是最早也是在早期阶段使用最多的方式,那时,大部分垃圾堆肥处理厂采用敞开式静态堆肥。20 世纪 80 年代以来,我国陆续开发了机械化程度较高的动态堆肥技术。目前,从普及程度看,堆肥处理在国内城市有机垃圾处理方式中占据了较为重要的地位。针对我国固体废物的特点,我国多家研究机构研究开发出多种有机固体废物的堆肥化技术,并发展包括配套的预处理技术、堆肥化技术在内的城市垃圾综合集成处理工艺技术。

然而在运行过程中,堆肥受到较多非技术的经济因素制约,主要表现在我国城市混合收集的垃圾杂质含量高,复杂的分离过程导致产品成本过高,且垃圾中含有的玻璃等杂质成分很难完全分离,为堆肥产品的应用带来限制。一般堆肥产品只能作为土壤改良剂,其销路取决于堆肥厂所在地区的土壤条件的实用性。堆肥产品的经济服务半径较小,同时肥效差,且存在季节性,因此给垃圾堆肥厂的运行带来困难。同时,堆肥产品很难达到无害化的要求,不能保证彻底杀灭病菌以避免二次污染,同时难以克服金属成分的迁移问题。

实际上,一些发达国家尽管严格实行了垃圾分类,杜绝了危险废物的混入,且政府配套法规鼓励利用生物肥料,但国外利用堆肥处理城市垃圾所占比例并不大,而且多数堆肥场主要是利用分类收集的厨房废物、庭院废物、污水处理污泥和粪便作为原料,用混合垃圾堆肥的实例并不多。而在城市居民环保意识不强、垃圾分类收集尚未有效执行的我国,一些中小城市可能比较适用堆肥方式处理垃圾,但堆肥处理技术不能盲目到处推广。

3.3.4　高温干燥饲料化

餐饮厨余垃圾有机质含量高,营养物质丰富,是不可多得的潜在饲料资源。以往,我国约 80% 的厨余垃圾未经处理被直接用来饲养动物,极易造成病原体通过食物链传播疾病,目前我国已禁止将厨余垃圾直接用作动物饲料,厨余垃圾需经消毒、加工处理和生物转化过程,才能作为饲料来源。世界范围内各国对于餐饮厨余垃圾用作动物饲料持有不同的态度,一部分国家严格禁止其饲料化利用,如欧盟,旨在防止疫病的传播;另一部分国家则在保证食品安全、经加工处理无害的前提下,支持餐饮厨余垃圾饲料化的使用,如韩国、日本、中国等,以实现资源节约,减少浪费。日本于 2007 年对餐厨垃圾回收法进行了修订,其中明确规定,对于餐厨垃圾的处理,优选动物饲料化。韩国的餐厨垃圾饲料化率高达 45.2%。餐厨垃圾蛋白饲料的加工方法有两种,一种是通过高温干燥,另一种是通过微生物发酵。与高温干燥工艺相比,由于微生物可将原有的动物蛋白转变为微生物蛋白,降低饲料发生"同源污染"的风险。因此,微生物发酵餐厨垃圾生产蛋白饲料被视为一种较为理想的餐厨垃圾饲料加工方法。

3.3.5 昆虫生物转化技术

昆虫转化是餐饮厨余垃圾饲料化的另一种方式。由于人口的增加,全球对蛋白质饲料的需求也在不断增长。预计 2050 年对肉类和奶类的需求将比 2010 年的水平分别高 58% 和 70%,其中这种增长很大部分来自发展中国家。食腐性昆虫能直接通过取食处理有机废物,加工制成昆虫蛋白、昆虫脂肪以及有机肥等产品,不仅对有机废物利用效率高,而且较少有负面的环境影响。昆虫转化既可以提供新的蛋白资源,又能够处理餐厨垃圾,为固废资源化提供了新思路、新方法[53]。

目前,常用于进行生物转化的昆虫种类有黑水虻和黄粉虫两种。以黑水虻为例,1 mm 左右虫卵在孵化后,成为 2 cm 左右的成虫,体积增长达 4000 倍,可以消纳比自身重 10000 倍的厨余垃圾。根据测算,1 g 黑水虻的虫卵孵化出的幼虫,可处理约 10 kg 餐厨垃圾等有机废弃物,可产生 1.5~2 kg 鲜虫和 2~4 kg 的有机肥。

近年来,国内外陆续建立了利用黑水虻将餐厨垃圾转化为蛋白饲料的规模化设施(图 3-10),包括意大利、印度尼西亚、中国等。相关学者分别从黑水虻幼虫的潜在利用途径以及不同类型底物的选择等方面开展了研究。尽管经过黑水虻的"过腹转化",但黑水虻作为蛋白饲料的替代品,进入食物链中的潜在影响仍处于黑箱,有待进一步加强研究。

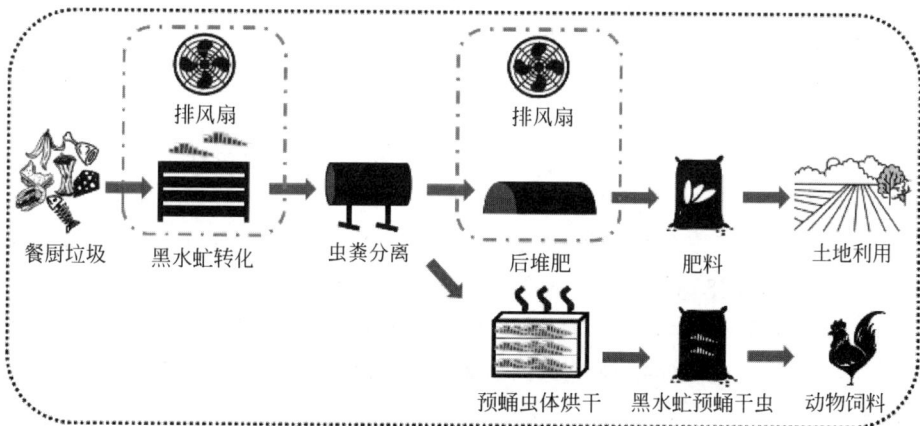

图 3-10 黑水虻昆虫生物转化技术流程

3.4 资源化利用：能源回收技术

3.4.1 生活垃圾焚烧发电技术

焚烧处理可使生活垃圾体积大幅减少 80%～90%、重量减轻约 70%，是实现生活垃圾"三化"处理的关键手段，涵盖了多种焚烧技术类型。在高温焚烧时彻底分解有害微生物与有机污染物，同时利用焚烧产生的热能发电或供热，实现资源回收利用。其工艺流程包括垃圾分拣、破碎、干燥等预处理环节，之后送入焚烧炉在 800～1000℃ 燃烧，利用余热锅炉回收高温烟气热能驱动汽轮机发电或供热，再采用先进的烟气净化工艺处理二氧化硫、氮氧化物等污染物达标后排放，最后对底灰和飞灰分别进行填埋、综合利用或稳定化、固化处理后填埋等安全处置。焚烧系统主要包括废物储存及给料、焚烧、烟气冷却、二次污染控制（烟气净化处理和灰渣处理）、余热利用、通风、除灰以及给排水 8 个单元。其中，焚烧单元的核心设备为焚烧炉，其炉型涵盖炉排炉、流化床以及回转窑等多种类型。烟气净化处理单元在生活垃圾焚烧过程中占据着极其关键的地位，它是判定生活垃圾焚烧是否能够达成无害化标准的核心要素与主要途径。

1. 焚烧单元

层状燃烧技术依靠炉排(图 3-11)，使生活垃圾在不同区域依次完成预热干燥、燃烧和燃烬过程，燃烧稳定且设备可靠性高。流化床燃烧技术热强度大，适用于低热值高水分垃圾，借助石英砂床层与风的配合实现燃烧。旋转燃烧技术的主要设备是回转窑焚烧炉。回转窑焚烧炉是一种可旋转的倾斜钢制圆筒，筒内加装耐火衬里或由冷却水管和有孔钢板焊接成的内筒。在进行固体废物焚烧时，固体废物从加料端送入，随着炉体滚筒缓慢转动，内壁耐高温抄板将固体废物由筒体下部在筒体滚动时带到筒体上部，然后靠固体废物自身重力下落，使固体废物由加料端向出料口翻滚并向下移动，上述过程包括干燥、燃烧和燃烬过程。

当前，随着城市化进程加快与生活水平提升，我国生活垃圾焚烧发电技术广泛应用且发展迅速，已建成众多生活垃圾焚烧发电厂，技术与设备国产化率不断提高，未来将朝着高效、环保、节能方向迈进，如提升蒸汽参数、优化烟气净化技术、强化垃圾预处理与资源回收利用等，以达成生活垃圾处理的可持续发展。

固定炉排

活动炉排

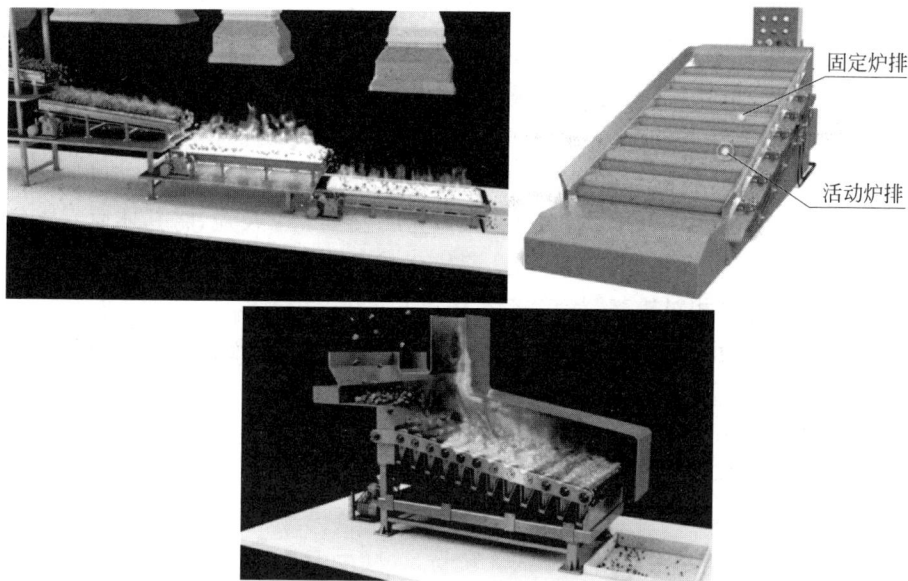

图 3-11　几种典型的炉排型焚烧炉（链条式炉排、阶梯往复式炉排和滚动式炉排）

2. 烟气净化处理单元

（1）脱酸系统

生活垃圾焚烧过程中会产生大量酸性气体，如氯化氢（HCl）、二氧化硫（SO_2）等，脱酸系统的主要目的就是去除这些酸性气体，以减少对环境的危害和对设备的腐蚀。常见的脱酸方法有干法、半干法和湿法。

干法脱酸是利用碱性固体吸收剂，如氢氧化钙（$Ca(OH)_2$）粉末，与烟气中的酸性气体在反应塔内进行化学反应。这种方法工艺简单，设备占地较小，但脱酸效率相对较低，通常适用于小型焚烧厂或对脱酸效率要求不高的情况。

半干法脱酸则是将碱性吸收剂制成浆液，通过喷雾装置喷入反应塔内，在高温烟气的作用下，浆液中的水分迅速蒸发，吸收剂与酸性气体发生反应。半干法结合了干法和湿法的一些优点，脱酸效率较高，且不会产生大量的废水，在生活垃圾焚烧烟气处理中应用较为广泛。

湿法脱酸是利用碱性溶液，如氢氧化钠（NaOH）溶液或氢氧化钙溶液，在吸收塔内与烟气充分接触，使酸性气体被吸收溶解。湿法脱酸效率高，可同时去除多种酸性气体，但系统复杂，投资和运行成本较高，且会产生大量的废水需要后续处理。

（2）脱硝系统

生活垃圾焚烧烟气中的氮氧化物（NO_x）主要包括一氧化氮（NO）和二氧化氮（NO_2）等，脱硝系统用于降低氮氧化物的排放浓度。目前常用的脱硝技术有选择性催化还原法（SCR）和选择性非催化还原法（SNCR）。

SNCR 是在炉膛内合适的温度区域（一般为 850～1100℃），将还原剂（如氨气或尿素溶液）喷入烟气中，还原剂与氮氧化物发生化学反应，将其还原为氮气和水。SNCR 系统设备相对简单，投资成本较低，但脱硝效率一般在 30%～60%，且氨逃逸量相对较高。

SCR 是在催化剂的作用下，使还原剂与氮氧化物在较低温度（一般为 200～400℃）下发生反应。SCR 脱硝效率高，可达 80% 以上，氨逃逸量低，但催化剂成本较高，且需要额外的加热装置来维持反应温度，系统复杂，投资和运行费用较高。

（3）除尘系统

除尘系统主要是去除烟气中的颗粒物，以减少烟尘排放对大气环境和人体健康的影响。常用的除尘设备有静电除尘器、布袋除尘器等。

布袋除尘器可使含尘烟气通过布袋，颗粒物被布袋拦截而留在布袋表面，定期对布袋进行清灰，使颗粒物落入灰斗收集。布袋除尘器对细微颗粒物有很好的捕集效果，除尘效率高，可达 99.9% 以上，且设备结构相对简单，投资和运行成本适中，但布袋需要定期更换，运行维护工作量较大，对烟气的温度、湿度和腐蚀性有一定要求。在实际应用中，有时也会采用静电除尘器与布袋除尘器相结合的方式，以达到更好的除尘效果。

3. 灰渣处理单元

焚烧后的炉渣（或称底灰）主要由不可燃的无机物组成，如金属氧化物、硅酸盐等。炉渣经过冷却、磁选等处理后，可以回收其中的金属物质，如铁、铜等，剩余的炉渣可作为建筑材料，如用于制作道路基层材料、生态砖等，实现资源的回收利用，减少对天然骨料的需求，降低对环境的影响。

飞灰是烟气净化过程中产生的细颗粒物质，其中含有较高浓度的重金属（如铅、汞、镉等）和二噁英等有害物质。飞灰需要进行专门的稳定化处理，通常采用水泥固化、化学药剂稳定等方法，使飞灰中的重金属等有害物质被固定，降低其浸出毒性。经过稳定化处理后的飞灰，在满足相关标准后，可以进行填埋处置或在一些严格监管的情况下进行资源化利用，如用于生产水泥窑协同处置的原料等，但由于其潜在的环境风险，飞灰的处理和处置一直是生活垃圾焚烧处置技术中的关键和难点问题。

3.4.2 生物质垃圾厌氧产沼技术

生物质垃圾厌氧产沼技术是一种极具环境与能源价值的技术手段,其原理是在厌氧环境下,利用多种微生物对生物质垃圾(涵盖厨余垃圾、畜禽粪便、秸秆和农林废弃物等)进行分解代谢,历经水解、产酸和产甲烷等步骤,最终生成以甲烷和二氧化碳为主的沼气。典型的厌氧消化工艺流程如图 3-12 所示。

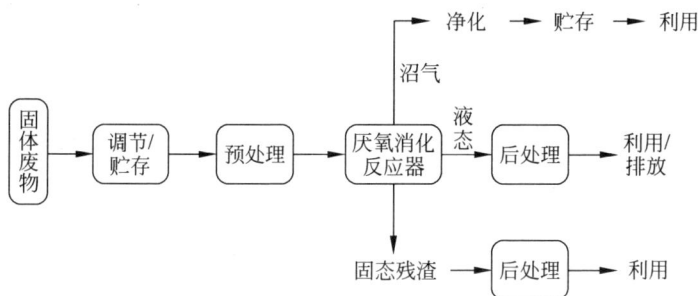

图 3-12 典型厌氧消化工艺流程图

1. 预处理单元

进行原料预处理,针对不同种类的有机固废,如对秸秆收割破碎、餐厨垃圾预筛分并破碎和分拣,以提升物料与微生物的接触面积。预处理单元的目的是受料、分选、粒度调整、组分调整、接种、预加热和消毒等。可分离出金属、塑料、玻璃等资源化产物或杂物。

2. 生物转化单元

将预处理后的原料投入酸化罐、厌氧发酵罐,依据中温($30\sim40℃$)或高温($50\sim60℃$)等不同发酵条件进行发酵。此单元包括发酵和甲烷化等生物反应器,其目的是使生物质固体废物降解和转化为稳定的腐殖化产物,并获得能源气体——沼气。在此期间,精准调控温度、pH 值($6.5\sim8.5$)、总固体浓度和接种量等工艺参数,是保障厌氧反应高效推进的关键。一般该单元的沼气转化率为$(170\sim320\ m^3CH_4)/(tVS)$,VS 降解率为 $40\%\sim75\%$,OLR 为$(5\sim15\ kgVS)/(m^3\cdot d)$。

3. 沼气后处理单元

对产生的含硫化氢、二氧化碳和水蒸气等杂质的沼气,采用化学脱硫、变压吸附脱碳、吸附脱水等净化提纯工艺,使甲烷含量达标。此外,沼气的贮存应符合防火防爆的有关安全管理规定。沼气的典型组成见表 3-1。

表 3-1　厨余垃圾厌氧消化沼气的典型组成　　　　　　　　%

组成	CH_4	CO_2	H_2O	H_2S	N_2	O_2	H_2
体积分数	55~60	35~40	2(20℃)~7(40℃)	0.002~2	<2	<2	<1

4. 消化后混合物处理单元

对发酵后的物料实施固液分离,沼渣经翻抛等处理制成固态有机肥,沼液部分净化制成液态有机肥,其余回流作为工艺用水,达成资源循环利用。该单元包括通过湿分选进一步去除杂质、沼渣与沼液分离、沼液浓缩与脱水;沼渣好氧堆肥化、生物干化、除杂和粒度调整等;沼液处理、消毒;残渣焚烧或填埋。

厌氧产沼技术优势众多,主要体现在如下方面:①环境效益方面,实现生物质垃圾减量化、无害化,减少污染并降低温室气体排放;②能源回收层面,沼气作为清洁能源可用于发电、供热等,提升能源自给率;③资源循环利用方面,沼渣沼液成为优质有机肥服务农业生产,且技术适应性广泛,能依原料与规模灵活调整,适用于城乡不同区域。然而,其通常受原料特性(如碳氮比、含水率、纤维素含量)、发酵条件(温度、pH 值、接种量)和反应器类型(如 UASB、CSTR 反应器)等因素影响。当前,伴随环保与能源需求变化,此技术备受关注与应用,新的工艺与设备持续涌现,如干式厌氧发酵技术及高效厌氧反应器等,推动沼气产量质量提升、成本降低,未来还将朝着高效、环保和智能化方向迈进,加强与太阳能和风能等可再生能源的协同耦合,进一步提升能源综合利用效率,助力可持续发展目标的达成。

3.4.3　其他能源化利用技术

其他能源化利用技术是指除了常见的能源利用方式之外的一系列将各类固体废物或生物质等转化为能源的技术手段,这些技术对于实现资源的循环利用、减少环境污染以及缓解能源危机具有重要意义。其中,秸秆能源化利用技术是较为常见的一种,主要包括秸秆沼气技术、秸秆成型燃料技术、秸秆气化集中供气技术、秸秆热解炭化技术、秸秆直燃发电技术等。具体来看,秸秆沼气技术是在厌氧条件下,利用微生物将秸秆分解产生沼气,沼气可作为清洁能源用于发电和供热等。秸秆成型燃料技术则是将秸秆压缩成型,制成便于储存和运输的固体燃料,可直接用于燃烧供热或发电。秸秆气化集中供气技术是通过热解和气化反应,将秸秆转化为可燃气体,经过净化后通过管道输送到用户,用于炊事和取暖等。秸秆热解炭化技术是在缺氧或低氧环境下对秸秆进行热解,生成生物炭、生物气和生物油等产品,其中的生物炭可用于土壤改良,生物气和生物油则可作为能源使用。秸秆直燃发电技术是将秸秆直接送入锅炉燃烧,产生蒸汽驱动汽轮机发电。

1. RDF 技术

RDF 技术也是一种重要的能源化利用技术,其以城市生物质废物、农作物废物、禽畜粪便等为原料,经过预处理、破碎、分选、成型等工序,制成具有高热值、燃烧稳定、易于运输和储存等特点的复合垃圾衍生燃料。这种燃料可广泛应用于干燥工程、水泥制造、供热工程和发电工程等领域,如在水泥制造中,垃圾衍生燃料的燃烧灰还可作为水泥制造的原料,实现了资源的循环利用。

2. 热解/气化技术

生物质热解技术是指在无氧或缺氧条件下,将生物质加热至高温,使其发生热分解反应,生成生物炭、生物气和生物油等产物。生物炭具有良好的吸附性能和土壤改良作用,可用于土壤修复和农业生产;生物气主要成分是甲烷和二氧化碳,可作为清洁能源用于发电、供热等;生物油则可进一步加工提炼成液体燃料,用于替代传统的化石燃料。生物质气化技术是将生物质在缺氧条件下进行热解和气化反应,转化为可燃气体,如一氧化碳、氢气、甲烷等。生物质气化技术主要包括固定床气化、流化床气化和循环流化床气化等工艺,生成的可燃气体可用于发电、供热、合成化学品等领域,具有较高的能源利用效率和环境效益。

3. 其他能源化技术

此外,还有一些新兴的能源化利用技术,如超临界水气化技术、微波气化技术、等离子体气化技术等,这些技术具有反应速度快、转化效率高、产物选择性好等优点,为能源化利用提供了新的途径和方法。但是,受某些技术或成本等因素的限制,上述技术目前尚未普及。总之,其他能源化利用技术种类繁多,各有特点,随着技术的不断进步和完善,这些技术将在能源领域发挥越来越重要的作用,为实现可持续发展目标作出贡献。

3.4.4 协同焚烧处置技术

协同焚烧处置技术是一种将不同类型的固体废物与常规燃料在特定的焚烧设施中共同进行焚烧处理的技术手段,具有诸多优势和重要意义。该技术的应用形式多样,例如厨余垃圾可按照"预处理＋臭气/污水焚烧厂协同处理"工艺。上述工艺可确保高浓度臭气不外排,低浓度臭气收集后单独处理,分选固渣送入生活垃圾焚烧厂垃圾储坑,与生活垃圾协同焚烧发电。如此,既避免了固渣的二次污染,又能充分利用生活垃圾焚烧厂已有的能源设施,最大限度地发挥高效特点,使固渣得到彻底处理,臭气污水处理实现稳定达标,且能量转化效率较传统的独立建厂高85%。与常规工艺相比,节约土地资源50%以上,有效降低了投资成本和运营成本。

1. 生物质协同焚烧

生物质通常包括农林废弃物(如秸秆、树枝等)、城市园林修剪物等。与生活垃圾协同焚烧时,生物质中的纤维素等有机成分能够在焚烧过程中提供额外的热量,补充生活垃圾热值不稳定的不足。生物质燃料相对较为清洁,有助于降低焚烧过程中污染物的排放,如减少二氧化硫的生成量,因为生物质中的硫含量通常较低。

2. 工业固废协同焚烧

部分工业固废(如某些有机污泥、废塑料等)具有一定的热值,可以与生活垃圾协同焚烧。一些工业生产过程中产生的有机污泥,其含水率较高,但经过适当处理(如脱水)后,与生活垃圾混合焚烧,可在一定程度上改善垃圾的燃烧特性,提高燃烧效率。同时,对于一些含重金属等有害物质的工业固废,在生活垃圾焚烧的高温环境及配套的烟气净化和灰渣处理系统下,能够实现对这些有害物质的有效控制和处置,避免其对环境造成二次污染。不过,工业固废的成分相对复杂,在协同焚烧前需要进行严格的筛选和预处理,确保其不会对焚烧系统的正常运行和污染物控制产生不良影响。

3. 污泥协同焚烧

污泥中含有大量的有机物,例如蛋白质、多糖、脂肪等,这些有机物在焚烧过程中能够释放热量,尽管其热值相较于一些高热值燃料较低,但仍具有一定的能源回收潜力。

当污泥与生活垃圾一同进入焚烧炉后,污泥中的高水分含量特性开始发挥作用。污泥的含水率通常较高,在焚烧初始阶段,大量水分迅速蒸发,这个过程需要吸收大量的热量。这一热量吸收效应能够有效地降低焚烧炉内的温度峰值。在生活垃圾焚烧过程中,高温容易促使空气中的氮气与氧气发生反应生成氮氧化物,而通过污泥协同焚烧降低了温度峰值,使得氮氧化物的生成反应受到抑制,从而减少了氮氧化物的排放量,这对于满足日益严格的大气污染物排放标准具有重要意义。

在焚烧结束后,污泥焚烧产生的灰分与生活垃圾炉渣具有相似的性质,可以进行混合处置。污泥灰分中含有一些矿物质成分,与生活垃圾炉渣混合后,在后续的处理过程中,例如在进行填埋处置时,可以减少对填埋场地的需求,降低填埋作业的复杂性;若进行资源化利用,如用于建筑材料生产时,混合灰渣的性能也能够满足一些产品的生产要求,从而降低了单独处理污泥灰分和生活垃圾炉渣的成本,提高了整个废弃物处理系统的经济性。

4. 飞灰水泥窑协同处置

水泥窑协同处置飞灰技术主要包括预处理(涉及收集、运输和储存)、飞灰投加和窑内处置等流程。

(1)预处理和投加

飞灰收集后一般通过气力输送或密闭式螺旋输送机等方式输送到储存仓。储存仓需要有良好的防潮和密封性能,避免飞灰受潮和扬尘。根据水泥窑的生产工艺和飞灰的特性,确定合适的飞灰投加位置和投加量。一般来说,飞灰可以从水泥窑的窑头或分解炉等位置加入。如果从窑头加入,飞灰会直接进入高温的烧成带,能够快速进行燃烧和反应;若从分解炉加入,飞灰会在稍低的温度区域先进行部分分解和反应,然后随着物料进入烧成带进一步处理。投加量的控制非常关键,需要考虑飞灰中的氯含量对水泥生产的影响。过高的氯含量可能会导致水泥窑系统结皮、堵塞等问题,同时还要考虑飞灰中的重金属对水泥产品质量的影响。通常,飞灰的投加量占水泥原料的比例会根据飞灰的成分和水泥窑的处理能力等因素在一定范围内调整,一般不超过水泥原料的 $5\%\sim10\%$。

(2)窑内处置

在水泥窑内,飞灰随着水泥原料一起经过预热、分解、烧成等阶段。在预热阶段,飞灰中的水分和部分易挥发成分被去除。在分解阶段,飞灰中的碳酸钙等成分分解,同时重金属等开始发生反应。在烧成阶段,飞灰中的有机物完全燃烧,重金属被固化在熟料中。经过高温煅烧后,形成的水泥熟料具有稳定的结构,能够将飞灰中的有害物质有效地固定在其中,从而实现飞灰的无害化处置。

需要指出的是,经过水泥窑处置的物料经过冷却后制成水泥。在水泥生产过程中,要对水泥的质量进行严格控制,包括水泥的强度、安定性等指标。由于飞灰的加入可能会对水泥的性能产生一定的影响,所以需要通过调整水泥原料的配比、优化水泥生产工艺等方式来确保水泥产品的质量符合国家标准。江西省某飞灰水泥窑协同处置项目依托水泥生产线,采取飞灰逆流漂洗、气流烘干、水泥窑高温煅烧以及洗灰水多级过滤、蒸发结晶等多项关键技术对生活垃圾飞灰进行预处理,然后将预处理产生的渣及烘干的飞灰送入水泥窑协同焚烧处置,实现了焚烧飞灰的无害化、减量化和资源化(图3-13)。

生物质

生活垃圾　　废旧轮胎　　工业垃圾

危险废弃物

图 3-13　水泥窑协同处置固体废物

从原理上讲,协同焚烧处置技术基于不同物质在焚烧过程中的相似性和互补性,通过合理的配比和控制,使多种物料能够在同一焚烧环境下稳定燃烧,充分利用固体废物自身的热值,减少辅助燃料的消耗,同时在高温焚烧条件下,将固体废物中的有害物质分解转化,降低其对环境的危害。在工艺流程方面,首先需要对不同种类的固体废物进行预处理,如厨余垃圾的分拣、破碎,污泥的脱水干燥等,以满足协同焚烧的基本要求。其次,根据焚烧设施的特点和要求,按一定比例将预处理后的物料与常规燃料进行混合。再次,将混合后的物料送入焚烧炉进行焚烧,焚烧过程需严格控制温度、停留时间和过量空气等关键参数,确保焚烧的充分性和稳定性。最后,对焚烧产生的废气和废渣等进行净化处理和合理处置,使其达标排放。协同焚烧处置技术的发展对于解决当前面临的固体废物处理难题、实现资源的循环利用和环境保护目标具有重要的推动作用。一方面,它能够有效解决固体废物的出路问题,减少固体废物对土地资源的占用和对环境的污染,尤其是对于一些难以处理处置或处理成本较高的特殊废弃物,如飞灰和污泥等,通过协同焚烧实现了无害化和减量化处置,降低了环境风险。另一方面,该技术充分利用了固体废物中具有潜力的能源资源,实现了能源的回收利用,提高了能源利用效率,具有良好的经济效益和社会效益,在未来的废弃物处理领域具有广阔的应用前景和发展潜力。

3.5 最终处置技术

3.5.1 有害垃圾无害化处理技术

有害垃圾无害化技术主要针对废电池、废灯管、废药品、废油漆及其包装物等含有有毒有害物质的垃圾,通过物理、化学和生物等手段,实现其毒性消减、环境危害最小化。

1. 焚烧处理技术

对于一些含有机溶剂、农药等的有害垃圾,通过高温燃烧,使有害垃圾中的有机有害物质在高温下分解、氧化,转化为无害的二氧化碳、水和其他无机物,从而达到无害化的目的。

2. 化学稳定化处理技术

对于一些含重金属的有害垃圾,利用化学反应,将有害垃圾中的有害物质转化为化学性质稳定的物质,降低其毒性和迁移性。

3. 物理处理技术

(1)压实与封装

对于固态有害垃圾,如废旧电池等,将有害垃圾进行压实以减小体积,再用密封容器或包装材料进行封装,防止有害物质泄漏和扩散。

(2)磁选、筛选等分离技术

对于某些含铁的有害垃圾,利用磁性、粒度等物理性质的差异,将有害垃圾中的不同成分进行分离,以便后续更有针对性地进行处理。

4. 安全填埋处理技术

选择合适的填埋场地,经过严格的防渗处理和环境监测,将经过预处理且符合填埋要求的有害垃圾填埋在地下,利用土壤的吸附、降解等作用,对有害物质进行长期的隔离和稳定化处理。

3.5.2 填埋终处置技术

卫生填埋处置即寻找一块较大的空置土地,通过场地防渗、雨污分流、压实、覆盖等工程措施,使生活垃圾在人工干预的情况下发生自然降解,并对所产生的渗滤液、填埋气体及臭味等进行控制,以期不产生公害,对城市居民的健康及安全不造成危害的一种生活垃圾终端处置方式[54],如图 3-14 所示。卫生填埋场具有建设投资与运行成本相对较低、对垃圾复杂多变特性的适应性较强、基于"多重屏障"(地质屏障、废物屏障及人工屏障)的污染防控机理清晰、技术成熟等优点,是包括中国在内的世界各国最早采用的生活垃圾处理手段。卫生填埋处置的主要问题在于,该方式需要占用大量的土地资源,且对周边建筑影响较大,厂址选择较为困难。考虑到交通、水文、地质、地形等因素,许多城市很难找到合适的场址,进而被迫将卫生填埋场建设在较远地区,有的平均运距超过 60 km。

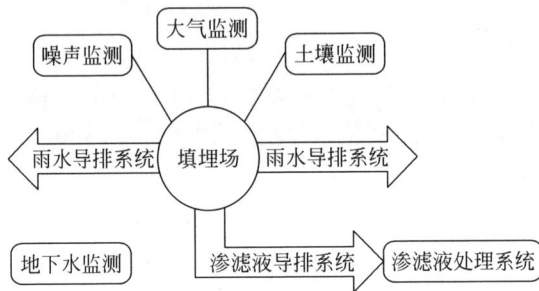

图 3-14　生活垃圾卫生填埋处置示意图

卫生填埋的另一个难题是渗滤液的处理。生活垃圾经雨水浸泡渗出的黑液为高浓度有害液体,其污染度是粪便的 3～5 倍,一旦渗漏,对地下水、土质和大气极易造成污染。《生活垃圾污染物控制标准》(GB 16889—2008)[55] 版本的实施对渗滤液处理后各种污染物的排放浓度做了严格的限制,使其处理成本也大幅增加,因此,填埋场需最大限度地减少地面径流和地下水汇入垃圾库区,以减少渗滤液产出量和无害化处理难度。随后,该标准于 2024 年进行升级[56],增加了渗滤液进入城镇污水处理厂合并处理路径,并从排放方式、处理效果、间接排放限值、监控监测、合同约定等方面提出了明确的技术要求,在呼应环卫行业和填埋企业迫切需求的同时,有效防范生活垃圾填埋场渗滤液间接排放可能带来的次生环境风险。

需要指出的是,由于社会经济发展水平所限,我国大部分城市早期建设的第一批填埋场(20 世纪 90 年代)还只能部分达到卫生填埋场要求,防渗结构简化、渗滤液处理系统缺失、覆盖不及时、导气系统简易等问题广泛存在;一批卫生填埋场的选址存在一定的先天不足,建设过程存在较为突出的"重设计、轻施工"的问题,在防渗材料性能保障及防渗结构施工质量控制方面存在一定的薄弱环节,一些中小型填埋场运行过程也存在不按程序、不守规范、简单粗放等问题。上述问题的存在也为我国卫生填埋场后期渗漏问题多发埋下较大隐患。

在认识此类问题时,我们需要将投资与运行经费不足、监管能力薄弱导致的问题与卫生填埋固有的缺陷区分开来,不能笼统地归因于卫生填埋技术本身。

目前,发达国家也在逐步减少原生垃圾的填埋量,尤其是在欧盟各国,已强调垃圾填埋只能作为最终处置手段,且只能填埋无机垃圾(总有机碳 TOC＜5％)。而自 2017 年起,随着生活垃圾分类和"无废城市"建设在全国得以积极推行,我国生活垃圾处理也正式迈入焚烧发电为主、生物处理和回收利用为辅、卫生填埋兜底的分类处理新阶段,填埋场的功能逐步向应急保障、资源储存和碳储存设施转变。2020 年发布的《城镇生活垃圾分类和处理设施补短板强弱项实施方案》指出"原则上地级以上城市以及具备焚烧处理能力的县(市、区),不再新建原生生活垃圾填埋场,现有生活垃圾填埋场主要作为垃圾无害化处理的应急保障设施使用","对需要进行封场的填埋场,要有序开展规范化封场整治和改造,加强填埋场渗滤液和残渣处置";2021 年发布的《"十四五"城镇生活垃圾分类和处理设施发展规划》指出"原则上地级及以上城市和具备焚烧处理能力或建设条件的县城,不再规划和新建原生垃圾填埋设施,现有生活垃圾填埋场剩余库容转为兜底保障填埋设施备用。西藏、青海、新疆、甘肃、内蒙古等省(区)的人口稀疏地区,受运输距离、垃圾产生规模等因素制约,经评估暂不具备建设焚烧设施条件的,可适度规划建设符合标准的兜底保障填埋设施";2022 年发布的《减污降碳协同增效实施方案》指出要"减少有机垃圾填埋,加强生活垃圾填埋场垃圾渗滤液、恶臭和温室气体协同控制,推动垃圾填埋场填埋气收集和利用设施建设",从而"推动固体废物污染防治协同控制"。

应该说,我国在全国层面上卫生填埋数量和能力出现双降局面是不争的事实,也是城市发展的必然趋势。但是作为"韧性城市"不可或缺的基础设施,卫生填埋场不必要也不可能"归零"。根据统计,我国还有 327 个城市没有建设生活垃圾卫生填埋场,从保障城市安全运行角度出发,仍需统筹规划新建一批卫生填埋场;同时西部及东北地区干旱少雨、交通不便的村镇,卫生填埋场是环境和健康风险最小、建设投资和运行成本最低的处理设施;一些城市建成的卫生填埋场均已服务期满,存在新建卫生填埋场或在已有填埋场基础上进行改扩建的实际需求。同时,依托填埋场在场址选择、配套设施、物质能量循环等方面的独特优势,建设区域内多种废物协同处理、多种设施生态链接的循环经济产业园区,国内已有很多成功案例,是城市固废园区化、集约化处理的现实选择。

总结来说,生活垃圾卫生填埋场作为居民生活过程排放废物(生活垃圾)的末端"汇",在生活垃圾分类深入推进、"无废城市"建设纵深发展、美丽中国建设有序进行的各项政策和制度驱动下,将会面临严峻挑战,也必将会迎来新的高质量发展机遇,性能提升、功能转换和价值重塑都是未来其需要关注的重点问题,从而适应经济社会发展的新要求。

第4章

生活固废循环利用典型模式

4.1 源头减量提质典型案例

4.1.1 光盘行动：减少食物浪费案例

1. 项目概况

食物浪费是国际社会高度关注、世界各国普遍面临的全球性问题,与联合国可持续发展目标密切相关,关乎环境安全、粮食安全和社会公平正义。食物浪费涵盖食物的生产、加工、配送、消费和废物处置的全生命周期过程,涉及农业、工业、交通、商业、生活等各个行业部门。进入高度工业化和信息化时代,人类从自然界获取食物的数量、类型和方式、途径等均发生了明显的重要变化,直接和间接的食物浪费问题及其造成的环境与社会危机更进一步凸显,对全球温室气体排放贡献巨大,对耕地、牧场、海洋等重要自然地的可持续开发与保护管理的压力持续加剧,对城市废物管理、城乡营养流动以及元素的地球化学循环均形成严峻挑战。减少食物浪费是减少温室气体排放、改善人居环境质量、优化物质代谢管理的重要内容,也是推进生产和生活方式绿色化、提升生态文明水平、促进经济社会高质量发展的重要方式。

深圳是一座人口密集、高度发达的现代化城市,每天产生约 33000 t 生活垃圾,仅餐饮酒楼、食堂产生的餐厨垃圾每天就超过 2500 t,不仅造成了巨大的粮食浪费,也给深圳的城市管理和垃圾处理带来巨大的压力。面对减少食物浪费,深圳从源头控制,提出了一系列的解决办法。

2. 典型做法

(1) 修订相关条例,将减少食物浪费纳入市民文明行为规范

2020 年 11 月 9 日,深圳市人大常委会发布了《关于修改〈深圳经济特区文

明行为条例〉的决定》(简称《决定》),明确餐饮经营者要引导消费者节约用餐,不得设置最低消费;倡导节俭消费提示、在菜单上标注分量、主动协助打包等;鼓励创新推出有利于减少餐饮浪费的新产品、新模式、新业态等,从源头实现节俭节约。《决定》还规定国家机关、企事业单位、群团组织和其他社会组织应建立节约用餐制度,做到按用餐人数采购、配餐;各级各类学校应开展宣传教育,加强食堂管理,把反对餐饮浪费作为日常教育内容。

此外,政府各有关部门也须采取有效措施,拒绝餐饮浪费。比如,商务部门将制定反对餐饮浪费行为标准、规范和指南;市场监管部门将结合餐饮服务量化等级评价体系,推动餐饮经营者加大反对餐饮浪费力度;卫生健康部门将发布针对不同人群的膳食指南;机关事务管理部门将反对餐饮浪费纳入公共机构节能考核和节约型机关创建范围,建立机关食堂反对餐饮浪费成效评估和通报制度。

(2) 设立"光盘日",在全市营造杜绝餐饮浪费的浓厚氛围

为倡导源头减量,杜绝餐饮浪费,作为全市垃圾分类主管部门的深圳市城市管理和综合执法局,于 2016 年启动"光盘行动",经过多年时间的培育和积淀,逐步打造形成了深圳的特色品牌。2018 年,将每年 11 月 8 日设立为"光盘日","118"寓意一双筷子、一个空碗、一个空碟,以固化节日的形式呼吁全民参与"光盘行动"。邀请社会知名人士作为代言人,推出"光盘行动"系列公益广告。2020 年,《深圳市生活垃圾分类管理条例》设立全国首个垃圾减量日,把 11 月 8 日"光盘日"提升为"垃圾减量日",进一步拓展丰富源头减量的内涵,并邀请社会名人、国民动漫 IP 担任深圳垃圾分类推广大使,开展面向消费者的系列宣传活动。近年来,市区联动围绕"垃圾减量日",先后开展垃圾减量系列公益广告宣传和"送你一朵减字小红花"换享市集、芬享嘉年华等主题活动,有效倡导全社会参与垃圾分类、源头减量。

(3) 规范管理,促进厨余垃圾资源化利用

2012 年,为加强餐厨垃圾管理,保障饮食安全,深圳出台《深圳市餐厨垃圾管理办法》,对餐厨垃圾的收集、运输、处理及监督管理活动等全过程进行规范管理。2020 年,深圳出台《深圳市生活垃圾分类管理条例》(简称《条例》),以地方立法的形式明确要求全面实施厨余垃圾分类。在推行垃圾分类过程中,深圳市建立了覆盖投放、收集、运输、处理的厨余垃圾处理全链条管理系统。截至 2024 年 11 月底,全市厨余垃圾处理设施共 49 座,处理能力为 8143 t/d,为厨余垃圾前端分类和无害化处理、资源化利用提供了坚实的保障。同时,深圳积极通过宣传引导、政策保障等措施综合施策,切实培养节约习惯,在全社会营造浪费可耻、节约光荣的氛围,从源头上减少厨余垃圾产生。

3. 主要成效

经过多年坚持不懈的宣传倡导,"光盘行动"已成为深圳城市文明新风尚,广大深圳市民养成了"餐厅不多点、食堂不多打、厨房不多做"的良好行为习惯。"合理健康饮食,反对餐饮浪费"的理念已成为全社会的共识。2023年,深圳"垃圾减量日"全市共开展363场换享市集活动,共招募摊主3209人,参与人数达58035人,换享物品数量29074件,爱心义卖次数1610次。2024年,深圳以第二届全国城市生活垃圾分类宣传周为契机,全面推动餐饮行业"光盘打卡"活动。基于融入日常生活的"光盘行动",在全市所有餐饮场所(含餐厅、酒店、沿街餐饮店和茶饮店)宣传光盘行动、垃圾分类,广泛发动门店、单位张贴"光盘打卡"桌贴,截至2024年9月4日,全市共张贴约15.1万张"光盘打卡"桌贴,鼓励市民就餐"光盘",踊跃晒出"光盘",提升全社会对减量低碳的关注度,引导群众践行绿色生活方式。

4.1.2　源头减水:苏州社区厨余垃圾源头减水提质案例

1. 项目概况

针对城市生活源固废收运系统所面临的多元系统设计、精细运营管控以及全局系统优化的问题,构建以资源化利用为导向的城市生活源固废选择性分质收集模式与二次配伍方案,研究改进基于物联网的收运系统在线监测关键技术,建立基于地理信息系统(GIS)的城市生活源固废逆向物流空间模拟与决策管理系统(图4-1),并选取3种典型城市生活源固废(生活垃圾、餐厨垃圾、再生资源),在苏州城区建设基于物联网的城市生活源固废收运系统示范工程3个以上,收运规模>30万吨/年,将示范城区内超过75%的生活源固废纳入物联网监控网络。

2. 典型做法

生活垃圾收运系统与源头减水提质示范工程通过射频识别技术(RFID)、GIS、视频监控等物联网技术的集成应用和生活垃圾实时监控管理平台的建设,实现了生活垃圾桶的身份识别,生活垃圾桶、垃圾房等设施设备的位置标识和查询统计,生活垃圾收运路径和规范操作的监管,生活垃圾实时计量监测,末端处理排污实时监管以及生活垃圾产生量和处理量的统计,示范区100%的生活垃圾纳入物联网监管范围,2015年生活垃圾收运规模达47.11万吨;通过采用居民家庭源头沥水措施,生活垃圾含水率与对照小区相比降低5.12%,实现了

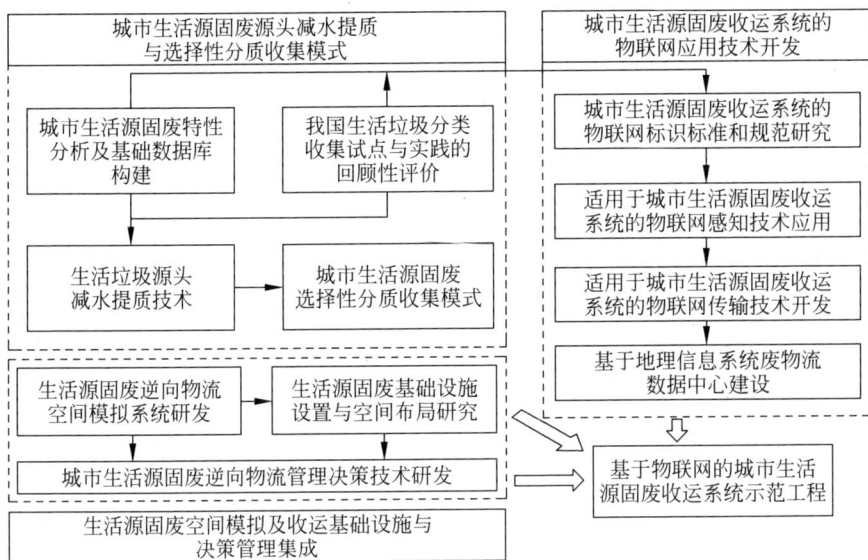

图 4-1 项目研究思路

垃圾减量 11.81%。

餐厨垃圾收运系统示范工程通过车载 RFID 读写、传感称重、GPS、视频监控等物联网技术设备的集成和餐厨垃圾实时监控管理平台的建设,实现了餐饮企业身份识别系统的改进,餐饮企业餐厨垃圾交付量的实时监测、餐厨垃圾收运车辆运行过程的监督与调配以及资源化处理的产品和废弃物排放监督,示范区内 84.6% 餐厨垃圾纳入物联网监控,2015 年餐厨垃圾收运规模达 13.3 万吨,比 2012 年增加了 2.26 万吨,餐厨垃圾年收运量提高 20.5%,与餐厨垃圾处理企业——江苏洁净环境科技有限公司签订收运合同的餐饮企业数量达到 7488 家。

社区再生资源收运系统示范工程通过一体化智能称重设备的开发和 RFID 读写、通用分组无线服务技术(GPRS)等技术的集成和社区再生资源收运管理平台的开发,实现了再生资源收运现场交易和出入库信息的实时采集与上传、再生资源唯一标识的生成与来源追踪、收运车辆的实时跟踪,提供了居民/单位和回收网点的在线预约,回收网点和分拣中心的价格、交易、库存、财务和车辆管理,管理者的实时监测和统计分析等功能,示范区内 75.6% 社区再生资源纳入物联网监控,2015 年再生资源收运规模达 10 万吨,已实现了示范区范围内 100% 的回收覆盖,示范区再生资源主要品种的 75.6% 实现回收利用,示范工程回收的再生资源 70% 以上进入苏州市再生资源投资发展有限公司的元和分拣中心和白洋湾分拣中心进行规范化交易与集中处理。

3. 主要成效

(1) 减量效果评价

为了考察简单沥水措施的减量效果,项目组为部分参与积极性较高的居民家庭提供了台式电子秤,每月上门收取称量记录表格。试点期间共收集有效数据 4038 条,利用软件 IBM SPSS statistics 20 进行描述性统计分析,得到图 4-2 所示的频率分布直方图,计算出厨余垃圾减量率平均值为 18%,中位数为 12%。结合图 4-2 中计算结果可以看出,厨余垃圾减量率在 5%~15%,其频率分布为右偏分布(偏度,2.27>0)和尖峰分布(峰度,5.14>3)。这种条件下,由于极端值和称量误差的干扰,直接用平均值表示厨余垃圾减量率并不准确,宜采用中位数表征,源头沥水后原生厨余垃圾质量可以降低 12%左右。

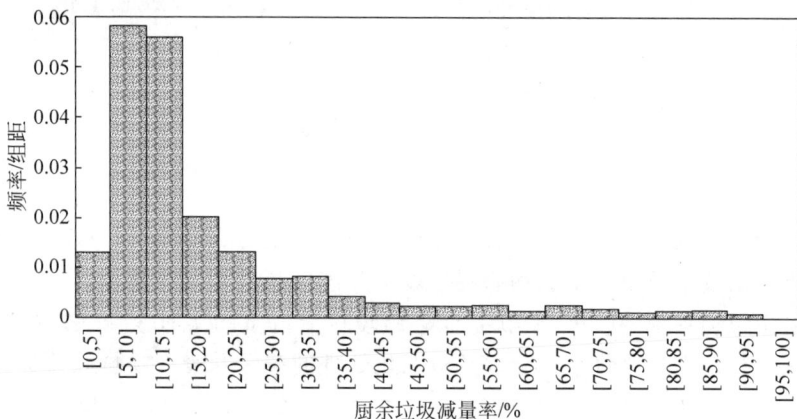

图 4-2　厨余垃圾减量率频率分布直方图

(2) 提质效果评价

图 4-3 显示了试点小区生活垃圾低位热值,2014 年姑苏区生活垃圾热值为 4158 kJ/kg,试点小区除 5—7 月外均高于姑苏区均值,其平均热值为 4736 kJ/kg,比姑苏区均值提高 14%。如果单独收集的厨余垃圾不计算在内,其他垃圾的热值将达到 7680 kJ/kg,能够显著提高焚烧处理的热效率。

(3) 环境效果评价

三种模式的酸化因素对总环境影响的潜力贡献最大,对填埋的全球变暖影响最大,对综合利用的富营养化影响最大(图 4-4)。填埋气的收集效率较低,部分填埋气直接释放到大气中,未收集处理的渗滤液可能污染地下水,造成富营养化,因此提高填埋气和渗滤液的收集效率是降低填埋环境影响的重要途径。居民区生活垃圾中 N 和 S 的含量比较高,焚烧产生的 NO_x 和 SO_2 进入大气污

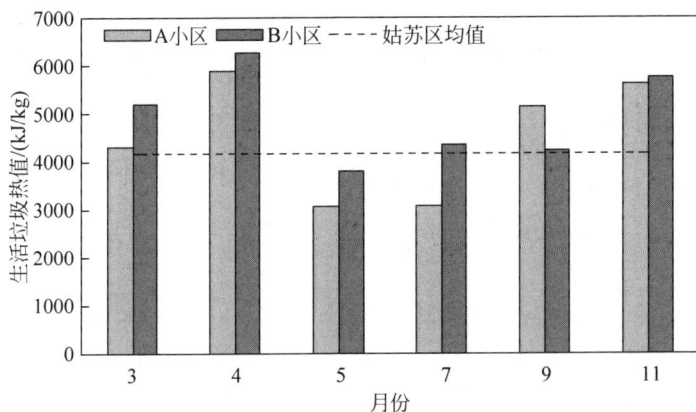

图 4-3 试点小区生活垃圾低位热值

染环境,进而又通过物质循环进入水体造成富营养化,因此烟气净化处理是降低焚烧环境影响的关键。综合利用时沼液泄漏和沼渣土地利用会导致 N、P 等元素流向自然水体造成富营养化,因此沼液和沼渣应严格控制各项污染物的浓度,防止造成二次污染。

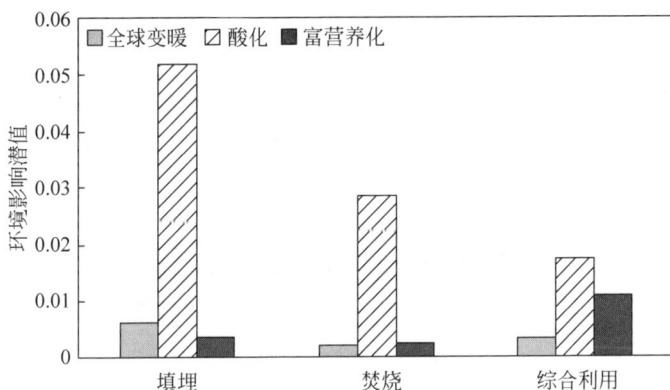

图 4-4 三种模式的环境影响

应用软件 EASETECH 2013 计算出填埋、焚烧和综合利用的每吨居民区生活垃圾发电量分别为 67 kW·h、290 kW·h、427 kW·h,能源回收效率分别为4.15%、17.95% 和 26.42%。填埋气收集效率低下是导致填埋场能源回收效率最低的主要原因,综合利用模式下,用于焚烧的干垃圾能源回收效率高于混合焚烧,且厌氧消化的湿垃圾可以充分回收能量,厨余垃圾源头沥水后单独收集处理可以提高能源回收利用的效率。

4.1.3　全链条管理优化：深圳市盐田区生活垃圾管理实践经验

1. 项目概况

2018年12月科技部批准国家重点研发计划"固废资源化"重点专项"基于分类的深圳市生活垃圾集约化处置全链条技术集成与综合示范"项目(2018YFC1902900)立项。该项目是"十三五"国家重点研发计划"固废资源化"重点专项国拨经费与地方政府配套经费支持力度最大的项目[57-58]。项目由清华大学深圳国际研究生院作为承担单位,北京大学深圳研究生院、深圳能源环保股份有限公司、深圳中环博宏环境技术有限公司、深圳龙澄高科技环保股份有限公司、深圳市利赛环保科技有限公司、深圳市盘龙环境技术有限公司、南方科技大学、华中科技大学、深圳市华威环保建材有限公司等企业和高校作为参加单位联合实施。

该项目响应国家普遍推行生活垃圾分类制度的号召,面向深圳市生活垃圾分类处理系统升级重构的重大需求,对生活垃圾物质流动和代谢途径进行优化重整,在解决这一重大科学问题的基础上,研究了基于分类的深圳市生活垃圾集约化处置全链条技术,实现了全系统效能的提升和全链条风险管控,并构建了涵盖全口径、全系统、全链条的物联网监控系统和大数据管理平台(图4-5)。项目以"源头分类、全程减量、梯级利用、安全处置、智慧监管"为主线,从六个方面开展研究:①生活垃圾特性解析及选择性精准分类体系构建;②生活垃圾分质收运与减量提质系统优化与示范;③有机垃圾与再生资源利用园区循环化改

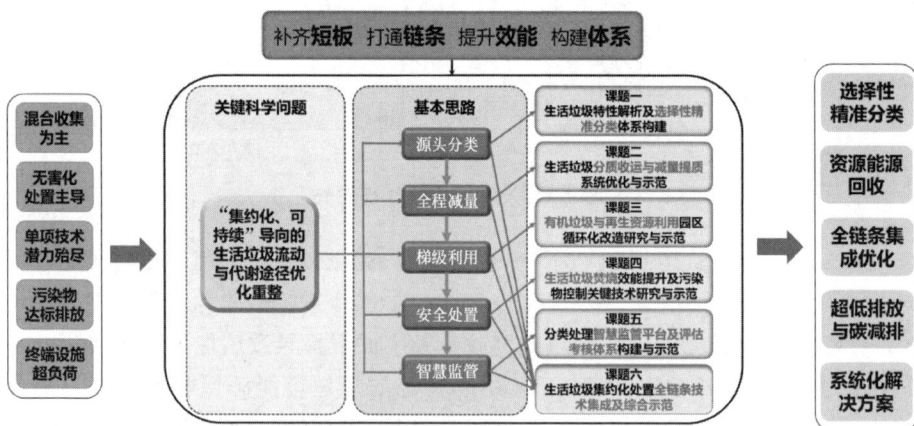

图 4-5　基于分类的深圳市生活垃圾集约化处置全链条技术集成与综合示范

造研究与示范；④生活垃圾焚烧效能提升及污染物控制关键技术研究与示范；⑤生活垃圾分类处理智慧监管平台及评估考核体系构建与示范；⑥生活垃圾集约化处置全链条技术集成及综合示范[57]。

2. 典型做法

项目瞄准深圳市作为创新引领超大型城市和国家可持续发展议程创新示范区的定位，紧密结合深圳市及超大城市垃圾分类重大科技需求，系统深入地开展以"精准分类、全程减量、梯级利用、高效处理、智慧监管"为主线的生活垃圾集约化处置全链条集成技术与综合示范，取得了突出的创新性、引领性成果（图4-6）：①明晰深圳市生活垃圾源头时空排放规律，创建生活垃圾选择性精准分类模式；②提出深圳市生活垃圾分类收运处理配套管理策略，支撑生活垃圾多场景源头分类提质；③开发次高压分离系列化标准化设备，实现垃圾收运过程减量提质；④突破厨余垃圾分质分相与协同厌氧关键技术，大幅提升有机质转化率和运行稳定性；⑤打通有机固废园区水—能—废循环链路，推动园区降本扩能与减污降碳协同增效；⑥耦合优化大件垃圾双轴撕碎与3D分选技术，显著提升自动化水平与资源回收效率；⑦解析大型垃圾焚烧系统全流程二噁英产排分配规律，实现二噁英等典型污染物稳定超低排放；⑧支撑生活垃圾分类处理全过程多层级智慧监管平台建设，推动垃圾分类监管体系与监管能力现代化；⑨建立生活垃圾处理多维度环境绩效评估及货币化方法，明确生活垃圾分类处理系统优化升级方向及路径；⑩提出生活垃圾分类整体解决方案与长效机制政策建议，在全国发挥先行示范作用[58]。

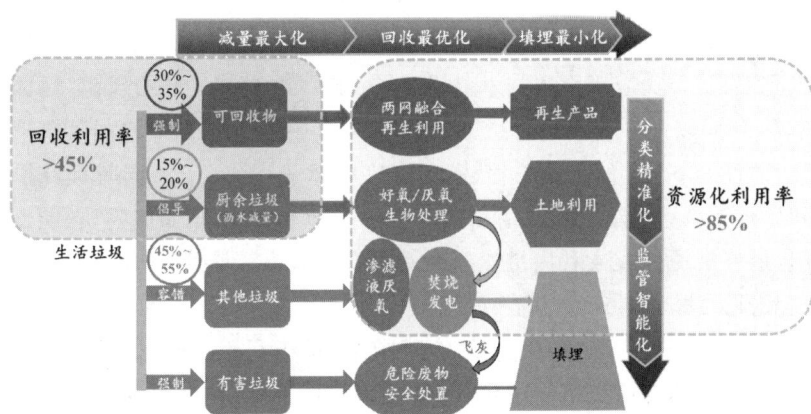

图4-6　深圳市生活垃圾分类处理整体解决方案

在项目的推动下,深圳率先构建了玻金塑纸、废旧家具等九大资源类垃圾的"大分流、细分类"体系。该体系是生活垃圾分类"深圳模式"的精髓,也让生活垃圾精准"归位",各区委托专门企业上门回收、集中暂存、初步分拣后进入再生资源体系。在前端,深圳全面推行"集中分类投放＋定时定点督导"分类模式。在住宅区(含城中村)设置 21000 个集中分类投放点,并配备督导员在定时投放时段开展桶边督导。投放点设置了照明、洗手池、投放指引等设施,让垃圾分类更加便民、亲民。在中端,深圳对各类垃圾实行专车专运,已配备各类收运车辆 3240 台。所有收运车辆均喷涂分类标志,安装定位系统并接入信息化监管平台,实施收运全过程实时监管,为杜绝"混收混运"打下坚实基础。在末端,深圳加快推进各类垃圾处理设施建设。垃圾焚烧发电每日处理能力已超 1.8万吨,厨余垃圾处理设施 79 处,厨余垃圾每日处理能力达 6693 t,较《条例》实施前翻了一番多。处理能力基本满足处理需求,对前端分类形成坚强支撑,有力推动了深圳生活垃圾的减量化、资源化和无害化。

3. 主要成效

(1) 项目成效

该项目筛选出 58 个生活垃圾源头分类质量提升与保障示范点,涵盖物业小区、城中村、学校等 11 个不同类型。在居住区引入两种智慧督导模式提高分类效果;在校园,通过校园蒲公英活动,打造了牛奶盒回收、卫生厨余垃圾堆肥和环保银行等活动,形成了深圳市校园垃圾分类的特色模式。开发大件垃圾高效破碎拆解回收系统、再生资源高效自动分拣工艺,开展工程示范,处理规模达到 300 t/d。研发次高压分质减量技术工艺,开展生活垃圾转运站次高压分类减量提质工程示范,应用前述技术与设备,逐步达到 1900 t/d 的规模,保证垃圾减量率在 25% 以上。开展餐厨垃圾、厨余垃圾等有机垃圾高效协同厌氧消化技术研究,建设 800 t/d 的示范工程,实现有机质降解率达 70%,同时提升设施稳定性和处理效率;构建园区能量和物质有机流动系统,实现园区物质、能源的循环利用,最终资源回收或利用量达到 1100 t/d。开发二噁英炉内产生控制措施和烟气减排方法,开展工程示范,处理规模大于 1400 t/d,二噁英排放浓度小于 0.05 ng TEQ/Nm^3。以"源头分类、全程减量、梯级利用、安全处置、智慧监管"为指导思想,打造适应城市精细化管理、环境高标准保护、经济高质量发展要求的生活垃圾分类处理深圳模式,面向全系统效能提升和全链条风险管控,在源头精准分类减量、分质收运减量提质、再生资源规范回收、有机垃圾协同转化、清洁焚烧效能提升、剩余残渣安全处置(图 4-7)等方面突破链接性、匹配性和增效性关键技术,最终实现资源化利用率大于 40%,带动新增垃圾处理能力 120 万吨/年以上[58]。

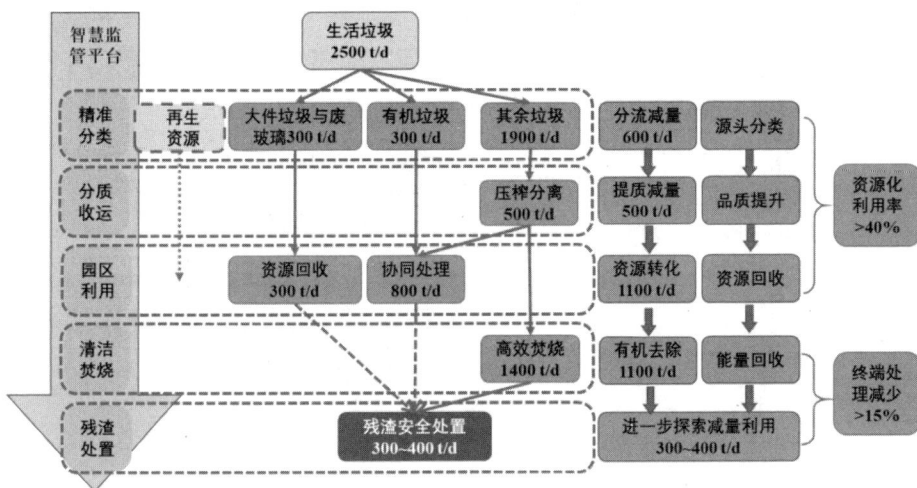

图 4-7 项目实施成效

(2) 辐射成效

该项目的实施推动了深圳市垃圾分类和资源化水平提升(图 4-8 和图 4-9),分类分流垃圾从 2018 年的 2263 t/d 提升到 2022 年的 6674 t/d,在整体生活垃圾产生量(除再生资源回收量)的占比从 10.95% 提升到 28.40%,说明深圳市的垃圾分类工作推进成效显著,大量垃圾进入分类分流体系,而不需要混入其他垃圾进行进一步分拣和后续处理处置。在分类分流垃圾中,厨余垃圾的占比提升最为显著,从 18.55 t/d 跃升至 2284 t/d,占比从 0.82% 提升到 34.22%,居民已经逐渐形成了自觉分出厨余垃圾的习惯。以分流分类垃圾量和再生资源回收量占全部垃圾的比例计算减量率,整体减量率从 2018 年的 29.32% 提升到 2022 年的 46.99%。实施垃圾分类后,生活垃圾管理的总碳排放量下降 1852523 t CO$_2$-eq,单位碳排放量下降到 0.22 t CO$_2$-eq/t,深圳的生活垃圾系统从碳源变成了碳汇。2018 年其他垃圾共 18404 t/d,焚烧量和填埋量分别为 6934 t/d 和 11470 t/d,2022 年其他垃圾量降低至 16821 t/d 并实现全量焚烧,再生资源回收量从 2018 年的 5370 t/d 增长至 8240 t/d。在前端分类回收和末端全量焚烧的双重推动下,深圳市生活垃圾已达到较高的资源化和能源化利用水平,原生垃圾基本趋零填埋[59-61]。

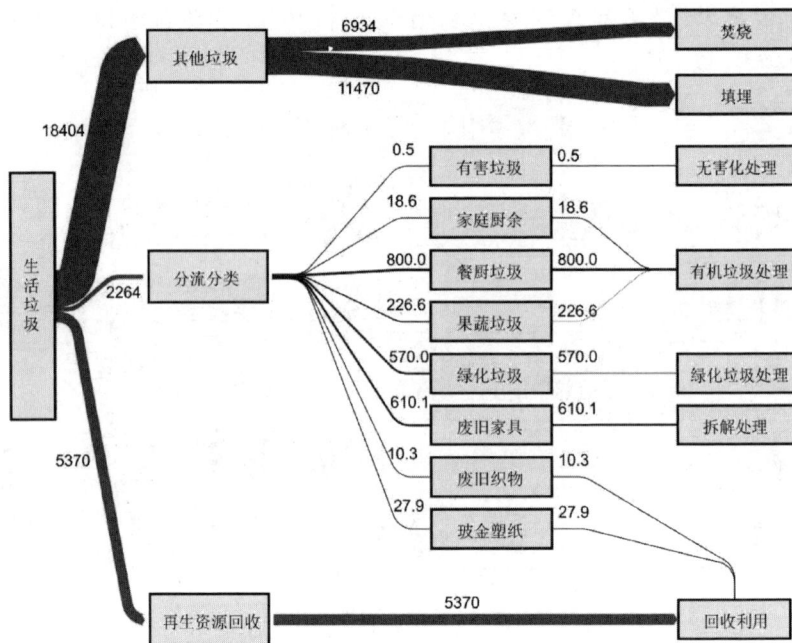

图 4-8　2018 年深圳市生活垃圾分类系统物质流（分类前，单位：t/d）

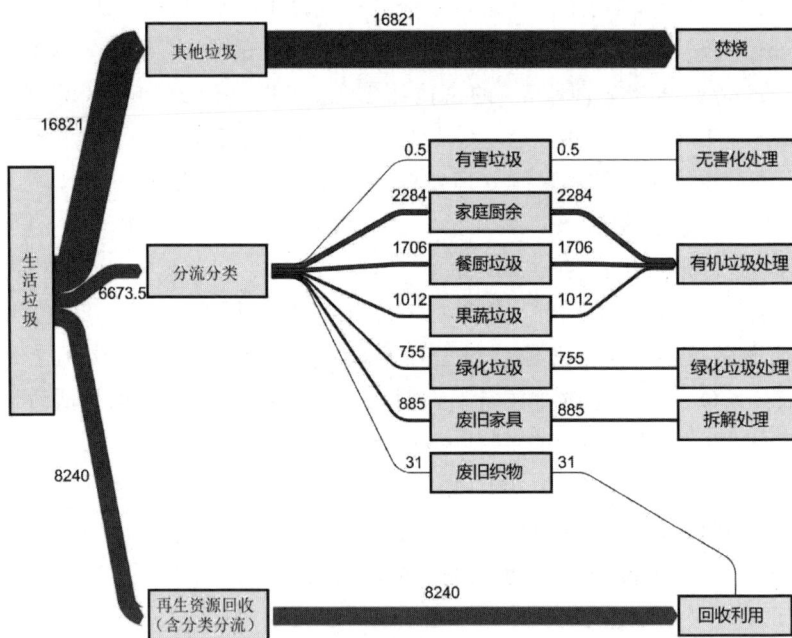

图 4-9　2022 年深圳市生活垃圾分类系统物质流（分类后，单位：t/d）

4.2　资源化利用案例

4.2.1　垃圾分类：校园奶盒回收行动，从萌芽到绽放的"碳"路历程

1. 项目概况

深圳市积极探索低值可回收物的有效回收路径，不断提升垃圾分类工作的精细化与高效化水平。通过聚焦校园奶盒回收"小切口"，探索出了一条从回收、收运、处置到反哺的可持续回收链路。

2016年，深圳市翠北实验小学的一名少先队辅导员黄稳老师利用课余和周末时间，开设了红领巾垃圾分类环保讲堂，为学校创造了实地教育场景，在开展环保讲堂的过程中，少先队员发现学校的垃圾桶中最常见、最多的生活垃圾就是奶盒。虽然奶盒是校园中常见且回收利用价值很高的复合材料，但因为其质量轻、分布散、回收成本大，所以没有人愿意进行回收。为了解决回收难题，促进资源回收利用，黄稳老师从劳动教育中获得灵感，发起了校园奶盒清洗回收行动，通过奶盒清洗回收，学生不仅参与了环保行动，还接受了劳动教育，行动一经发起就得到了学校的大力支持，并迅速在学校内落地推广，成为学生参与环保实践的重要渠道（图4-10）[62]，同时也不断影响更多的学校加入其中。

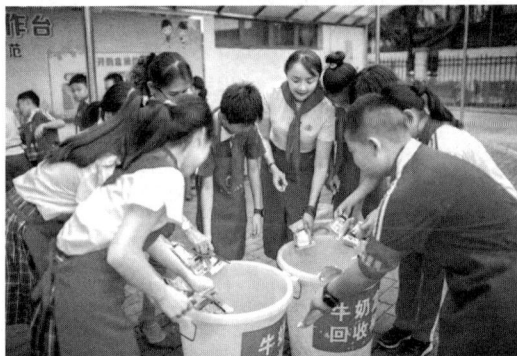

图4-10　校园内清洗牛奶盒

2020年4月，校园奶盒清洗回收行动获得越来越多的学校支持和加入，为统筹做好奶盒回收行动的整体规划，黄稳老师在深圳市深传科技集团有限公司的支持下，共同发起成立了深圳市罗湖区小水滴环境保护中心（以下简称小水滴），号召更多的学校加入奶盒回收行动。这一行为很快引起了市分类中心的关注，小水滴推进的校园奶盒回收行动刚好契合其一直在探索建立的低值可回

收物回收链路场景(图 4-11)。

图 4-11 "家-校-社"联动回收模式

2. 典型做法

(1)以宣教体系建设为先导,夯实奶盒资源回收前端分类基础

搭建专题课程,形成宣教规范:联合教育系统、社会公益机构等各领域专家力量,组织课程搭建专题研讨会,编写了深圳市校园奶盒回收标准课件和操作指引视频,并印制了课件教材发放给参与行动的学校进行学习培训使用,形成了全市统一的标准课件。同时,建立在线学习平台,方便师生随时随地进行学习,形成线上线下相结合的宣教体系。

加强专项培训,注重教育实效[63-64]:组织开展"线上+线下"的奶盒资源回收专项培训,将劳动观念和劳动精神教育与奶盒资源回收工作相融合,贯穿教师、学生培养全过程,贯穿家庭、学校、社会各方面,推动各校师生积极参与牛奶盒资源回收工作,专项培训覆盖师生约 50 万人次。

持续发动宣传,提高覆盖广度:积极联动各区学校在校内、校外开展奶盒回收专项宣传活动,不断加大奶盒回收校园实践活动的推广覆盖率。在全市各学校陆续开展百余场奶盒回收专项宣传活动,每年举办市级校园奶盒回收主题宣传活动,并组织新闻媒体进行系列宣传报道,总结推广典型经验做法,不断扩大奶盒回收活动在全市的影响力。

创新互动模式,深化实践教育:为进一步聚焦校园奶盒回收互动模式的创新,将奶盒回收行动纳入了"环保银行"平台互动模式在全市进行推广,鼓励学生在校清洗回收奶盒,并给学生开设"环保银行"账户,记录奶盒的收集数量和参与校园垃圾分类环保活动所得的碳积分,极大提高了师生、家庭的参与热情,学生注册账户超过了 35 万个,环保教育得到深度推广[65]。

（2）以收运体系建设为保障,构建奶盒回收处置闭环流程

打造信息化管理平台,实现校园一站式服务:以"环保银行"平台为依托,打造"奶盒回收"信息化平台,为全市各学校提供奶盒线上预约收运、管理及积分商城等集约化管理服务,进一步促进奶盒回收的高效化、便捷化、数据化管理。建立积分激励制度,充分调动了各学校师生参与的积极性。

设置专人专车专线,提升收运保障能力:建立起奶盒回收标准流程和规范,设计并配置奶盒专用回收车,并结合实际情况,制定收运行程表,在全市范围内开展奶盒收运工作。奶盒回收后,由专车统一运输至专业奶盒分拣打包场地,使用打包机器设备按要求进行打包、过磅、盘点、出入库、末端处置。

构建可溯源体系,确保回收数据真实可靠:通过信息化手段,为每批奶盒分配入库编码,实现从收运、入库、出库到末端处置的全程追溯,确保回收流程的透明度和可追溯性。同时,建立详尽的台账记录制度,对奶盒的收集、入库、库存、出库、处置再利用等各个环节进行记录。

做好后端处理支撑,实现收运处置闭环:结合奶盒处置要求,在全市设置了统一的奶盒后端处置基地,配置相应的打包设施,划定了奶盒分拣打包区,并将分拣打包后的奶盒定期运输至专业的处理工厂进行资源化利用处置,形成了奶盒从前端收运、中端运输到后端处置的全链条运作模式。

（3）以产业链条延伸为支撑,掀起奶盒资源回收参与热潮

充分调动社会力量,推动产业资源整合:在推进奶盒资源回收的同时,聚焦推进过程中上下游产业资源的整合,以公益为引领,以市场化手段为依托,积极调动资源回收产业的联动,引入了利乐、维他奶等奶盒相关企业共同促进全市奶盒资源回收再利用。

构建长效反哺机制,激励全民参与回收:以再生纸、塑木产品制作成作业本,用课桌等再生产品回馈学生人群,做到以政府引导撬动产业发展,以产业回馈推动学校师生参与热情,进一步推动校园师生小手拉大手,实现教育一个孩子,带动一个家庭,影响整个社会的目标。

建立综合科普基地,打造校外宣教阵地:以奶盒资源回收利用实践为主题,推动建立纸基复合包装回收利用科普基地,通过发挥科普基地在垃圾分类学校教育和实践中起到的基地承接作用,为解决校园奶盒回收前端宣传教育、后端收运处置的全流程闭环资源化利用提供有效路径[63],如图4-12所示。

3. 主要成效

2021年9月,深圳市分类中心联合小水滴在全市部分区开展了校园奶盒资源专项回收试点行动,通过为期半年的试点,全市参与学校超过200所,回收奶

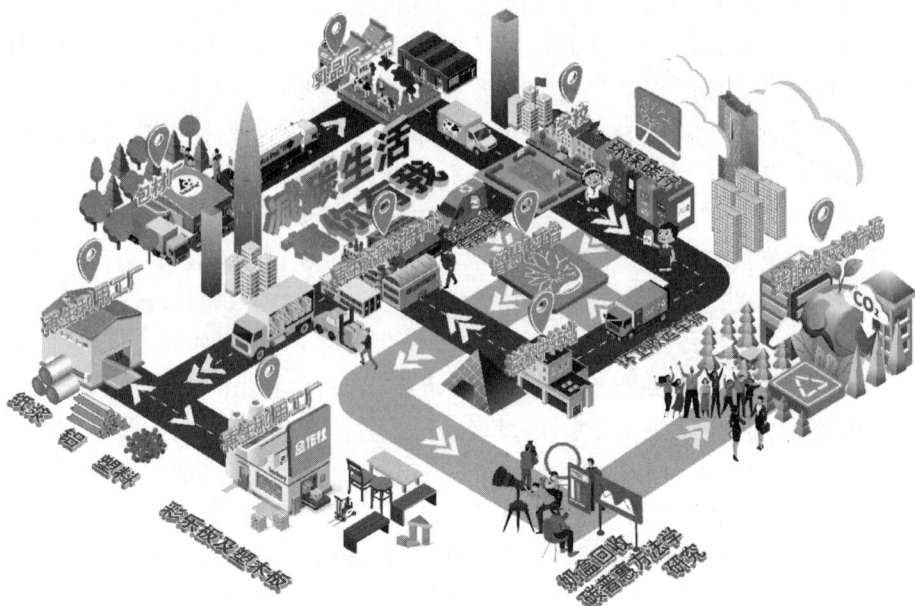

图 4-12　以产业链条延伸为支撑,掀起奶盒资源回收参与热潮

盒超过 19 t,回收个数超过 230 万个,取得的试点成效远超规划预期。2022 年 1
月,在总结试点成功经验的基础上,市分类中心在深圳市全面推广开展校园奶
盒资源回收行动,发动全市所有小学、幼儿园全面参与到回收工作之中。2022
年 9 月,市分类中心联合小水滴、清华大学深圳研究生院、维他奶有限公司、利
乐包装(中国)有限公司等,共同推动发布了《深圳市校园奶盒回收行动 2021—
2022 学年度第一学期碳收益估算报告》,这也是第一份基于实践数据的奶盒回
收减碳成果测算。2022 年深圳市校园奶盒回收行动取得了显著进展,全市参与
学校超过 1200 所,回收奶盒超过 190 t,回收个数超过 2300 万个[65]。

2023 年 1 月,为构建良好的激励机制,推动奶盒回收的可持续发展,市分类
中心联合小水滴推动奶盒回收碳普惠方法学的研究及编制工作,逐步完善奶盒
回收减排量收益分配机制,根据学校减排量的权属比例,合理分配碳减排收益,
以此激励各方持续参与奶盒回收工作,共同推动绿色低碳发展。2024 年 6 月,
深圳市生态环境局正式对外发布《深圳市奶盒回收减排碳普惠方法学(试行)》
(简称《方法学》)。根据《方法学》测算,每回收 1 t 奶盒(纸塑铝复合包装)能减
少碳排放约 1.6159 t,为推动校园奶盒回收提供了量化标准、实施路径以及激
励机制。2024 年 11 月,深圳市参与奶盒回收行动的学校超过 1800 所,回收奶
盒超过 900 t,相当于赋予了 1.1 亿多个奶盒新生,低碳种子深深根植于深圳这
片土地并如期绽放。同期,成功举办了 2024 年深圳市奶盒回收碳普惠核证减

排量首笔交易发布会,深圳市校园奶盒回收行动在 2022 年 9 月 1 日至 2024 年 8 月 31 日期间回收奶盒所产生的 1232 t 碳普惠核证减排量正式完成转让。这一举措标志着深圳市在垃圾分类领域首次通过碳市场实现了碳交易,开创了全国首宗奶盒回收碳减排量交易的先河[66]。

4.2.2 厨余垃圾再利用:宁波开诚餐厨废弃物处理项目

宁波开诚生态技术股份有限公司自 2005 年开始从事餐厨废弃物处理行业,是我国较早从事城市有机固废处理的企业,也是宁波市政府指定的餐饮厨余垃圾专业处理企业。该企业目前有宁波开诚餐厨废弃物处理项目(图 4-13)和慈溪开诚有机固废处理项目。

图 4-13 宁波开诚餐饮厨余垃圾处理厂项目效果图

宁波开诚餐厨废弃物处理项目于 2006 年建成并投入使用以来,已经建设并投入使用了两期工程,其中一期工程餐饮厨余垃圾处理规模为 400 t/d,产生废弃油脂 40 t/d;二期工程餐饮厨余垃圾处理规模为 200 t/d,产生废弃油脂 20 t/d。项目采用"预处理+湿式厌氧发酵"主工艺,预处理采用"物料接收+大物质分拣+精分制浆+除砂除杂+油水分离"工艺路线,并配备沼气净化和利用系统、沼渣脱水系统和除臭系统等相关配套辅助系统。项目采用自主研发设计的前端输送、分选、破碎等设备,实现餐饮厨余垃圾进行精细化预处理分选。预处理后的物料通过餐厨废油处理系统,可以对所含的粗油脂进行提取,作为生物柴油的粗制品进行销售,以此获得利润;该项目的油脂提取率达到 10%,高于地区行业经验数据(5% 左右)。剩余高有机质含量的液相部分进行中温湿式厌氧消化处理,该项目产沼效率高,每吨原生餐饮厨余垃圾可达 90 m^3,产生的沼气一部分供厂区自用,另一部分经过净化提纯后,通过热电联产,进行发电并网；发酵后沼渣脱水产生的液体送至污水处理厂进行协同处理(图4-14)。本项目通过先进的餐厨废弃油脂(地沟油)收运处理智能化、数字化管控平台,覆盖宁波市中心城区约90%终端餐饮行业废弃食用油脂的收运点位,保证了绝大部分废弃食用油脂的规范收运处置及安全去向,杜绝了地沟油重返饭桌这一现象。

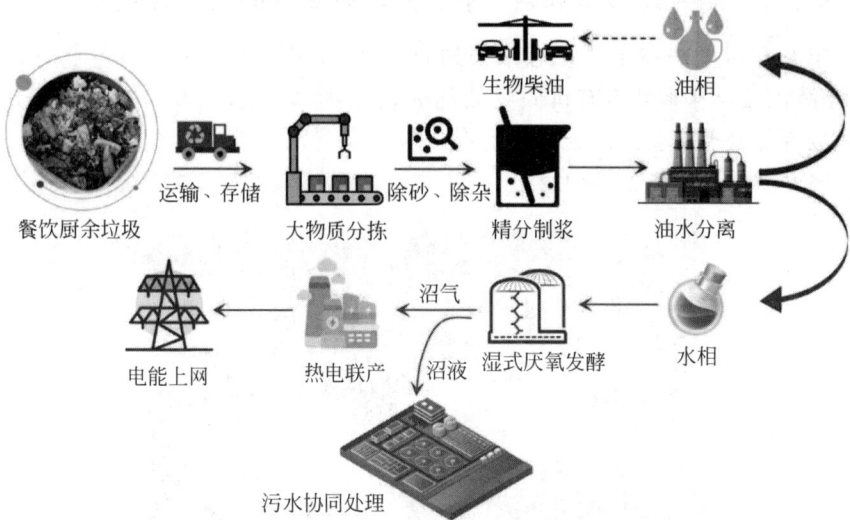

图4-14 宁波开诚餐饮厨余垃圾项目处理工艺

慈溪开诚有机固废处理项目于2016年建成并投入使用,项目采用收运处理一体化(BOT)特许经营模式,对收运的餐饮厨余垃圾和家庭厨余垃圾进行协同厌氧处理,处理规模各200 t/d。项目包括预处理综合处理车间、热氧破壁(TOCB)系统、厌氧发酵系统、沼气净化利用系统、污水处理系统、除臭系统和公共辅助系统。其中,预处理系统采用开诚的成熟工艺技术,先进的数字化、智能化管控系统能够实现无人值守,运行成本低;TOCB技术是基于湿式有机固废的一种强化热水解处理技术,可以将固相转化为液相,解决了厨余有机固渣、沼渣、沼泥处理处置成本高,出路难的问题;与宁波项目相同,厌氧产生的沼气净化后热电联产,对绿色能源资源再利用,实现生产过程的降污减排,低碳环保。

4.2.3 大件垃圾资源化综合利用示范工程

1. 项目概况

深圳市盘龙环境技术有限公司承担着国家重点研发计划——"基于分类的深圳市集约化处置全链条技术集成与综合示范"中大件垃圾及重点再生资源回

收利用示范工程(图 4-15)。立项前,其处理规模仅为 30 t/d,资源化率约为 50%。随着发展,处理点位已扩至 5 个行政区域,包括宝安区、龙华区、南山区、福田区和光明新区,日处理量超 300 t,半年内平均日处理量达 430 t,峰值超 500 t。以宝安区石岩大件垃圾处理点为例,该项目依据厂房实际情况,设计了"机械破碎—3D 分选—资源化利用"的工艺路线及设备,符合相关标准规范,有力推动了大件垃圾处理的发展,为解决大件垃圾处理难题提供了范例。

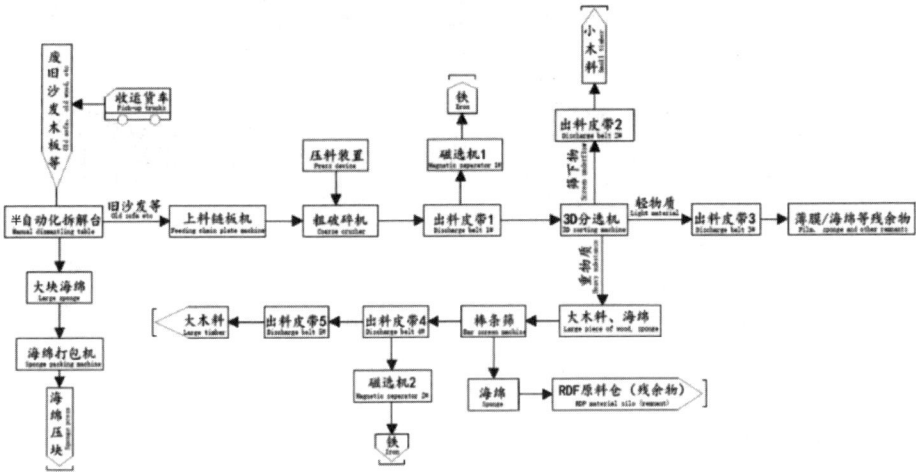

图 4-15 大件垃圾处理示范工程运行流程

2. 典型做法

深圳市盘龙环境技术有限公司针对大件垃圾处理,在工艺改进和热解研究方面采取了一系列创新且有效的举措(图 4-16)。工艺升级和科学研究等方面成果显著,为大件垃圾资源化利用提供了有力支撑与宝贵经验借鉴,推动行业技术进步。

在工艺改进方面,原有的大件垃圾处理工艺较为粗放。以处理沙发为例,人工精细拆解沙发表面皮革、海绵后,再将木质框架人工投入双轴撕碎机破碎,接着进行磁选除铁,最后把木屑料运往垃圾焚烧发电厂,大块海绵则经设备压缩打包。这种方式不仅人工成本高昂,拆解效率低下,而且处理质量难以保证。为改变这一现状,项目组深入研究并实施了一系列创新举措。新增的 3D 分选系统成为工艺升级的关键。它能够根据大件垃圾不同组分的物理特性,如形状、密度、材质等,进行高效精准的分离。配合自主研发的沙发拆解台和电脑椅拆解台等,实现了从地面拆解到台面拆解的转变。在操作过程中,工人先将大件垃圾放置在拆解台上,利用 3D 分选系统的智能识别和分离功能,快速将可回

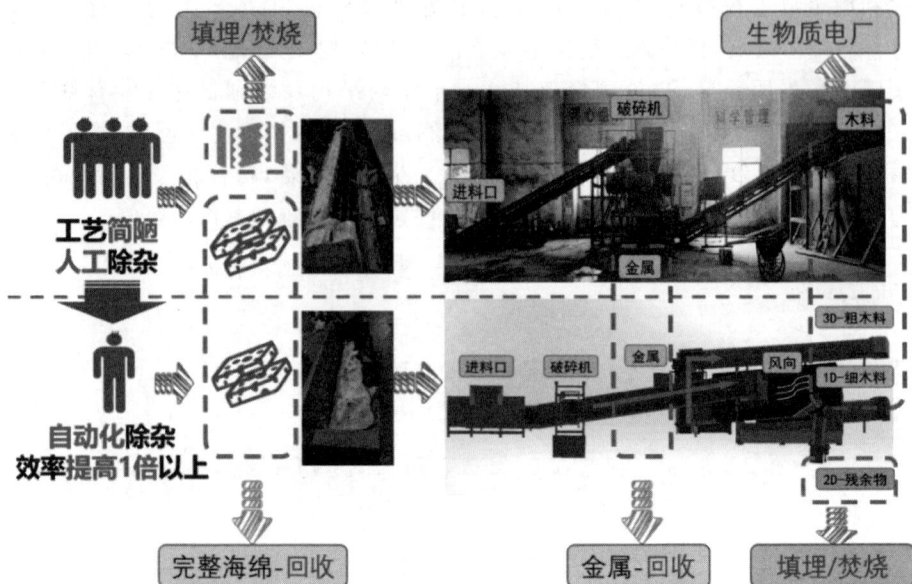

图 4-16　新旧系统处理过程对比

收的金属和塑料等分拣出来,再对木质部分进行破碎处理。如此,在确保木屑料含杂率符合垃圾焚烧发电厂要求的前提下,人工拆解数量大幅减少,工人的劳动强度也得到了较大缓解,成功推动了工厂从劳动密集型向半自动化的现代化垃圾分选工厂转型。

　　针对大件垃圾资源化利用的技术难题,项目组积极开展热解研究。研究发现,大件垃圾不同拆解组分热解特性存在明显差异。木质类组分(实木、实木漆、板材、复合板材)热解过程较为相似,实木和实木漆的最大热解温度为385℃,板材、复合板材分别为370℃、355℃;布料、皮革和海绵的最大热解温度依次为440℃、350℃和390℃,且海绵在热解过程中出现了3次明显的质量下降,表明其内部存在3类不同组分的分解(图 4-17)。在550℃热解条件下,产物以生物油为主,其中实木、板材和复合板材等木质组分的生物油产量达到了70%,热解炭产量在15%~35%(图 4-18)。通过对热解产生颗粒物的研究,发现以木质为主要原料的颗粒物相对较少,实木漆颗粒物产率最高,海绵颗粒物产率最高,皮革产率最小。

　　基于这些研究成果,项目组进一步优化了热解工艺。在热解设备的设计上,根据不同组分的热解温度需求,采用分区加热和精准控温技术,确保每个区域的温度都能满足相应物料的最佳热解条件,提高热解效率和产物质量。在物料预处理环节,根据不同组分的特点进行分类和预处理,如对海绵进行预先除

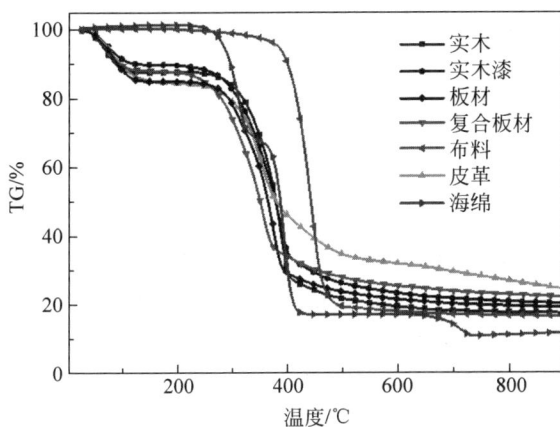

图 4-17　不同拆解组分热解特性（见文前彩图）

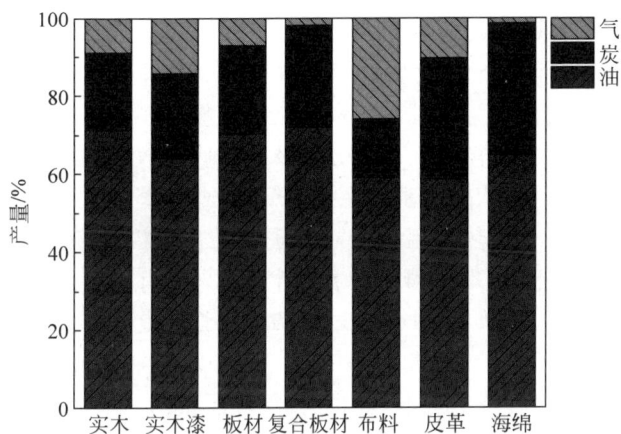

图 4-18　不同拆解组分热解产物分布图

杂和破碎处理,降低其热解过程中的颗粒物排放;对于布料等需要较高热解温度的物料,采用特殊的预热装置,使其在进入热解反应区前达到合适的温度,减少整体反应能耗。上述技术的实施使大件垃圾热解处理更加科学、高效和环保,为资源化利用提供了保障,也为行业内其他企业处理大件垃圾提供了宝贵经验,有力地推动了大件垃圾资源化利用技术的发展。

3. 主要成效

本项目在处理能力、资源化利用和技术创新等方面取得了瞩目成效,为大件垃圾处理领域带来了显著的变革与提升。

首先,处理能力实现了跨越式增长,从立项前的 30 t/d 增至立项后的稳定

＞300 t/d,半年内平均日处理量达 430 t/d,峰值更是突破 500 t/d。这一巨大的提升有效缓解了深圳市大件垃圾处理压力,极大地减少了因垃圾堆积而占用的土地资源,并且有力地保障了城市环境的整洁与美观,为城市的可持续发展奠定了坚实基础。

其次,资源化利用率得到了质的飞跃。通过工艺革新与技术创新,采用新型的大件垃圾拆解分选设备配合人工简单拆解,成功将资源化率提升至80%以上,这意味着更多的大件垃圾得以转化为可再利用的资源,如经处理后的木质物料可作为生物质能源原料或用于生产人造板材;金属部件经回收后重新进入冶炼加工环节,实现了资源的循环利用,减少了对原生资源的开采,降低了能源消耗,在经济和环境效益上实现了双赢。

再次,在技术创新成果方面,3D 分选系统及自主研发的辅助工装成为亮点。其彻底改变了传统的人工拆解模式,这不仅大幅降低了人工成本,还显著提高了拆解效率和质量。工人劳动强度得以减轻,劳动密集型的旧模式成功转型为半自动化的现代化模式,为同行业企业提供了技术升级范例,有力地推动了大件垃圾处理行业的技术进步。

最后,热解研究成果为大件垃圾资源化发展提供了新思路。深入剖析大件垃圾不同拆解组分的热解特性、产物分布及颗粒物排放规律,为精准化、高效化的垃圾处理提供了科学依据。基于上述研究,企业能够针对性地优化热解工艺参数,如根据不同组分的热解温度需求合理调控反应温度,在确保物料充分热解的同时避免过度能耗;依据颗粒物产率特点,采取有效措施控制海绵等易产生较多颗粒物物料的排放,提升热解过程的环保性。这使得大件垃圾处理从粗放式向精细化和绿色化转变,进一步挖掘了大件垃圾资源化的潜力,在减少垃圾填埋或焚烧带来的环境负担的同时也为循环经济的发展注入了新活力,成为推动可持续发展的重要力量。

4.2.4　建筑垃圾再利用：北京首钢建筑废弃物绿色循环再利用项目

1. 项目概况

北京首钢建筑废弃物绿色循环再利用生产线是北京市实施建筑垃圾资源化的重点示范项目之一(图 4-19 和图 4-20)。由于首钢搬迁,本项目主要针对老厂内建筑拆除的建筑废弃物进行资源化处置,垃圾产生量约为 1000 万立方米,项目占地 152 亩,设计年处理建筑垃圾 100 万吨。

2. 典型做法

项目采用两级破碎、三级筛分、两级磁选、两级风选、一级水选及人工拣选

图 4-19　首钢项目平面效果图

(a)　　　　　　　　　　　　　　　　　　(b)

图 4-20　项目(a)原料库及(b)破碎间和皮带传输线

等工序(图 4-21),可有效去除建筑垃圾中的废金属、废木材、废塑料、废织物等杂物并回收渣土,最终得到不同规格的再生骨料产品(图 4-22)。这些再生骨料产品可替代天然砂石应用于混凝土搅拌站、预拌干混砂浆、道路用无机混合料、砖、砌块等领域,生产的无机混合料、混凝土、PC 砖、砂浆等建筑垃圾再生产品均通过了第三方检测,质量符合标准要求,并被授予"绿色建筑节能推荐产品证书"。

3. 主要成效

由于本项目是利用首钢原钢渣处理生产线改造建设首钢建筑垃圾资源化处理生产线,所以投资较低,项目总投资不到 5000 万元,其中破碎筛分设备投资在 1000 万左右。项目自运营以来,得到了北京市市政市容委、北京市住建委等政府部门,人民日报、北京日报、北京电视台等媒体,以及行业协会、设计院、产品用户的关注与支持,所生产再生资源产品用于多个项目建设工程当中,形成了良好的产业链。

```
                    ┌─────────┐
                    │  渣土筛  │ ──→ 外售或用于园林绿化
                    └─────────┘
                         ↑
  ┌──────────┐    ┌──────────┐    ┌──────────────┐
  │ 振动给料机 │ ──→│ 颚式破碎机 │ ──→│ 永磁自动给料机 │
  └──────────┘    └──────────┘    └──────────────┘
                                         │
  ┌─────────┐    ┌──────────┐    ┌──────────┐
  │  沥水筛  │ ←──│ 水力浮选机 │ ←──│  人工分拣  │
  └─────────┘    └──────────┘    └──────────┘
                         │
                    ┌──────────┐
                    │ 反击式破碎机 │
                    └──────────┘
```

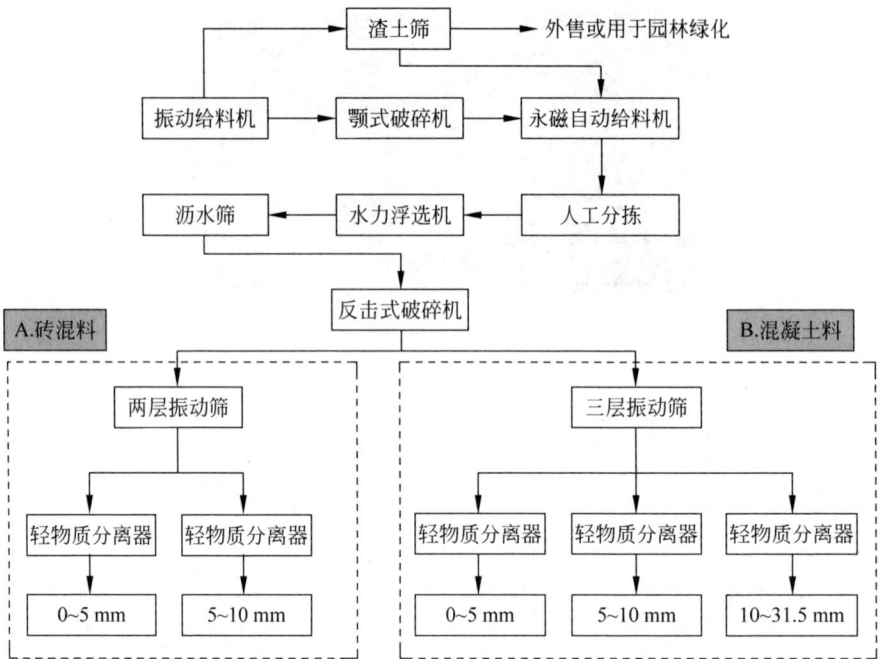

图 4-21　北京首钢建筑废弃物绿色循环再利用生产线工艺流程图

图 4-22　典型再生骨料(5～10 mm 和 10～31.5 mm)

(1) 该项目将 3000 t 建筑固体废弃物通过破碎、筛分和除杂等资源化工序,生产出的再生骨料和再生建材制品为北京 2022 年冬奥会的相关筹备工作添砖加瓦。

(2) 生产的砖瓦类建筑垃圾再生无机混合料成功应用于北京某小区的道路底基层和基层施工中。

(3) 生产的绿色无机混合料应用于长安街西延工程。

（4）生产的再生骨料应用于中国建筑设计研究院创新科研示范中心项目：该项目建筑面积 4.09 万平方米，地下为混凝土结构、地上为钢结构，地下 4 层，地上 15 层，建筑总高度为 59.7 m，其中所有楼板均使用添加 30％再生骨料的混凝土浇筑而成。

（5）在房山区顾八路大修工程中完成建筑垃圾再生无机料在公路行业中的示范性应用。

4.2.5　污泥安全利用：磷矿山生态恢复全链条集成示范

1. 项目概况

城市污水处理厂污泥的处理与利用是我国环境保护中尚未得到妥善解决的突出问题之一。与此同时，我国长江经济带上游磷化工产业聚集，磷矿石开采产生大量的矿山废弃地，亟待进行生态修复。污泥高温好氧堆肥产物富含有机质和营养物质，作为基质土施用于磷矿山废弃地，一方面为污泥资源化产物提供了稳定可靠的利用渠道，另一方面促进了磷矿山废弃地生态系统健康重构，有助于控制矿山水土流失和面源污染，具有显著的协同共生效应。针对这一资源化路径，在清华大学项目团队的技术支持下，昆明先行先试，探索了污泥安全利用-磷矿山生态恢复全链条集成示范与产业共生模式，如图 4-23～图 4-25 所示。该示范工程通过槽式覆膜好氧发酵工艺实现堆肥稳定化，并将稳定化后的污泥用于磷矿山生态修复。

(a)　　　　　　　　　(b)　　　　　　　　　(c)

(d)　　　　　　　　　(e)　　　　　　　　　(f)

图 4-23　污泥堆肥试验场图和堆肥过程图
(a) 污泥堆肥厂；(b) 污泥传输；(c) 污泥堆体；(d) 高温发酵；(e) 二次发酵；(f) 污泥堆肥产品

图 4-24 试验场地磷矿山废弃地总体

(a)

(b)

(c)

(d)

图 4-25 矿山废弃地现场施工实验照片

（a）平整后的磷矿山废弃地；（b）试验场地分区图；（c）污泥堆肥混拌施用；（d）污泥堆肥平铺施用

2. 典型做法

污泥好氧堆肥工程设计处理规模为 200 t/d（含水率为 80%），年处理规模为 7.3 万吨，位于昆明市晋宁区昆阳磷矿 1 号采区，占地 100 亩。磷矿山废弃地场生态修复地点位于昆明市滇池西侧的晋宁区二街镇昆阳磷矿山，该磷矿属于大型露天矿山,每年磷矿开采量为460万吨/年,年采剥总量为1200多万立方米,从而造成大量的矿山废弃地。通过先前的植物生长效果监测发现,经过13年植物修复的土壤有机质仅增加了5.67 g/kg,甚至树木生长21年后的土壤有机质仍不能修复至原始水平,植物的生长受到限制。由于缺乏植物的覆盖,土壤表面受到风蚀和水蚀,导致水土流失严重,同时也加剧了养分的进一步流失,磷矿山废弃地大多数已经变成贫瘠荒芜的土地,保水保肥能力差且长期难以改善。

3. 主要成效

经过3年的试点工程之后,污泥堆肥的施用大幅增加了磷矿山土壤中有机质含量。污泥堆肥施用量为30 t/hm² 时,磷矿山土壤中有机质含量增加至4.2%,与一些健康发展的森林土壤中的有机质含量相似,满足大多数植物的生长需求。

在磷矿山土壤中,氮养分含量非常低,仅为0.9%,难以满足植物生长和植被恢复的需求。而污泥堆肥的施用显著提高了土壤中的氮养分含量,相比不施用污泥堆肥,提高了3.2~9.2倍,此外,污泥堆肥的施用也不同程度地提高了土壤中的磷养分含量和钾元素含量,有效改善了磷矿山废弃地土壤养分匮乏的情况,提高了废弃地土壤质量。

在微观视角下,污泥堆肥施用后有机质转化以腐殖化为主且逐渐强化,施用初期有机质缩合腐殖化产物种类比例为28%,矿化产物种类比例为18%,施用3年后缩合腐殖化产物种类比例增加至33%。有机质腐殖化进程的强化和氧化环境的形成促进了重金属和磷向稳定化学形态的转化,提高了对重金属和磷的固定能力。与磷矿山原土和污泥堆肥平铺施用相比,污泥堆肥混拌施用3年内减少了23~80 g/hm² Ni 和 36~137 g/hm² Cr 向地表水和地下水的流失。污泥堆肥混拌施用后有机质的强化腐殖化减弱了含有 $ugpQ$ 的菌群对 $NaHCO_3$-Po 的矿化,从而提高了磷形态的稳定性,同时氧化环境避免了$NaOH$-Po 被还原,减弱了磷溶解菌 $Mycothermus$ 的溶解作用,从而减少了33%~45%的磷流失。污泥堆肥应用于磷矿山废弃地生态修复的适宜工艺条件为:与表层20 cm 土壤混拌施用,并且控制施用量在120 t/hm² 以下。

污泥堆肥应用于磷矿山废弃地生态修复具有协同共生效应,在降低重金属和磷环境风险的同时,具有保育土壤、固碳释氧、养分固定、涵养水源和大气净化等环境效益,单位面积的年均植物生长量提高250%~413%,生态服务功能价值提高119%~144%。

4.2.6 填埋场开挖：石狮市将军山垃圾填埋场治理项目

"十四五"期间，随着我国固废处理产业结构的调整，在"双碳"和"原生垃圾零填埋"目标的驱动下，卫生填埋已由促增量进入去存量的新阶段，在强调"开展库容已满填埋设施封场治理"的同时，"鼓励采取库容腾退、生态修复、景观营造等措施推动封场整治"，更加强调由"邻避"向"邻利"或土地资源释放的转变。因此，系统融合了生态封场、好氧稳定化、垂直防渗、垃圾开采等技术的大型存量填埋场多元化综合治理工程正逐步释放，也为后续同类项目的开展提供了科学示范。其中，采用开挖方式对存量垃圾填埋场进行腾退，不仅可以彻底解决存量垃圾对周边环境的潜在污染问题，而且原场地经过治理后，由于填埋垃圾长期侵占的土地资源得以释放（库区改造或作为其他建设用地土地使用），为城市"韧性发展"储备了宝贵的土地资源。这种治理思路越来越多地被填埋场监管单位所接受，并逐步运用到大型填埋场的治理当中，例如深圳玉龙填埋场、广州兴丰填埋场及海南颜春岭填埋场等项目。

垃圾开采工艺是指在有环境保护（臭味控制、渗滤液导排处理、扬尘控制等）和安全措施（防止填埋气体燃烧爆炸等）的条件下，对填埋堆体进行开采或开采后筛分，开采出或筛分出的填埋物异地进行处理处置或利用的过程[67]。所筛分产生的轻质筛上物（以塑料、织物、竹木为主）可经过延长工艺链条进一步加工、分类回收为再生资源、裂解制取轻质油或加工成复合功能材料等，也可经打包或加工为垃圾衍生燃料进行焚烧处置；当筛下物主要为含有大量有机物的腐殖土时，可经过适当处理后满足行业标准《绿化种植土》（CJ/T 340—2016）[68]、《绿化用有机基质》（GB/T 33891—2017）[69]等，用于园林绿化或山体植被恢复，无利用出路的筛下物可进行卫生填埋处置或固化后用于回填；所筛出的无机骨料可用作建筑材料加工原料或破碎后用于回填料，也可以采用卫生填埋进行处置。该工艺的具体实践也体现了"城市矿产"（Landfill Mining）思想在填埋场领域的应用。

1. 开挖筛分项目简介

石狮市将军山垃圾填埋场位于东南沿海城市，属于早期建设的生活垃圾简易填埋场，占地面积约为 40800 m²，自 1995 年启用至 2003 年年底简易封场，共填埋生活垃圾 80 多万吨。后配合当地生活垃圾焚烧厂运营进程，陆续挖运垃圾 10 万余吨进行焚烧处理。项目现场踏勘发现，垃圾堆体填埋气导排系统基本丧失原有的设计功能，垃圾堆体覆盖不紧密且填埋场周边的雨水导排设施急需修缮。现场勘测结果表明,存量垃圾的积存量约为 48.4 万 m^3,堆体最大落差达 30 m(图 4-26)。

图 4-26　存量垃圾填埋场治理前情况

2017 年 5 月经中央环保督察后,结合该场地后续规划,经过多次论证,最终明确采取好氧开挖筛分的方式对该填埋场进行综合处理,以彻底消除存量垃圾堆体的环境和安全风险,并恢复场地的建设用地属性,用于餐厨垃圾资源化外理设施建设场地使用,项目整体工期为 365 天。

2. 存量垃圾组分及污染情况调查

1)垃圾物理组分

共对 12 个采样点垃圾样品进行分拣和物理组分分析。结果显示,该生活垃圾填埋场存量垃圾以轻质可燃物、无机类、腐殖土类为主,主要成分见表 4-1。其中,腐殖土、塑料和砾石的比例最高,分别占 44.6%、35.6% 和 11.9%。轻质可燃物多集中在 30 mm 以上的筛上物中,而腐殖土类物质的粒径主要≤20 mm。另外,本场地存量垃圾含水率为 25%~33%,符合稳定化垃圾田间持水率特征值,有利于实施开采和筛分处理。

表 4-1　存量垃圾物理组成情况

分　类	种　类	平均质量占比(湿基)[a]
轻质可燃类	织物	0.8%
	橡胶、皮革	0.9%
	塑料	35.6%
	竹木	3.0%
	小计	40.3%
无机类	玻璃、陶瓷	2.7%
	砾石	11.9%
	金属	0.5%
	小计	15.1%
腐殖土类	腐殖土	44.6%
	小计	44.6%

注: a. 标准筛选值取自《绿化种植土》(CJ/T 340—2016)[68]三级标准,pH>6.5的情况。

2) 垃圾污染状况分析

(1) 垃圾土污染物

共采集 6 个样品对垃圾土污染物进行分析,检测指标包括《土壤环境质量建设用地土壤污染风险管控标准(试行)》(GB 36600—2018)[70]和《绿化种植土》(CJ/T 340—2016)[68]中全部重金属、无机物以及毒性有机物,共计 47 项。样品中共检出挥发和半挥发有机物 10 项,均未超标。如表 4-2 所示,不同采样点重金属浓度出现明显波动,这与填埋垃圾的高度非均质性有关。除 1# 采样点外,其他样品各指标均符合第一类建设用地筛选值要求。1# 样品中铅浓度超标,但仍符合二类建设用地土地要求。样品中总铬、总锌的含量超出《绿化种植土》(CJ/T 340—2016)[68]三级标准要求,限制了其作为一般绿化种植土或绿化养护土壤的运用。

表 4-2　垃圾土样品污染物检出浓度与调查值对比表

污染物	标准筛选值		检出值/(mg/kg)					
	第一类用地	第二类用地	1#点位	2#点位	3#点位	4#点位	5#点位 1	5#点位 2
汞	8	38	1.22	0.19	0.12	0.19	0.02	0.03
铜	2000	18000	448	79.5	114	49	11	21
铅	400	800	739	63.60	83.40	39.10	30	30.70
镉	19	36	16.20	1.87	1.97	0.88	<0.01	0.16
铬(六价)	3.00	5.70	0.34	1.23	0.57	0.60	0.52	0.59
镍	150	900	53	17.70	25.70	16	18	14

续表

污染物	标准筛选值		检出值/（mg/kg）					
	第一类用地	第二类用地	1♯点位	2♯点位	3♯点位	4♯点位	5♯点位1	5♯点位2
砷	20	60	18	7.30	13	4.60	4.10	1.70
总铬[a]	400		422	387	408	365	401	429
总锌[a]	800		4350	691	844	429	46.9	115

注：a. 参考《绿化种植土》（CJ/T 340—2016）[68]中三级标准要求。

（2）渗滤液水质

根据《生活垃圾填埋场污染控制标准》（GB 16990—2008）[71]，对各采样点位渗滤液中14项指标进行分析，结果见表4-3。该垃圾填埋场渗滤液pH范围为7.3～8.0，B/C比低于0.1，可生化性较差，渗滤液整体符合老龄垃圾特点，主要超标指标包括色度、化学需氧量、悬浮物、总氮和氨氮，超标倍数3～79.2倍不等，超标最多的为氨氮和总氮2项，是渗滤液污染控制的重点指标。

表4-3　垃圾渗滤液污染物检出浓度与调查值对比表

检测项目	均　　值	标　准　值	超标倍数[a]
色度（倍）	120	40	3
化学需氧量/（mg/L）	1280	100	12.8
生化需氧量/（mg/L）	27	30	—
悬浮物/（mg/L）	1270	30	42.3
总氮/（mg/L）	2360	40	59
氨氮/（mg/L）	1980	25	79.2
总磷/（mg/L）	2.02	3	—
粪大肠菌群/（个/L）	1100	10000	—
总汞/（μg/L）	0.26	1	—
总镉/（μg/L）	0.7	10	—
总铬/（μg/L）	32.5	100	—
六价铬/（μg/L）	7	50	—
总砷/（μg/L）	44.8	100	—
总铅/（μg/L）	61.9	100	—

注：a. 代表未超标。

（3）存量垃圾稳定性分析

该垃圾填埋场停止接收垃圾达10年之久，后自简易封场至本项目开始阶段，又经历了3年的稳定期。本项目对该填埋存量垃圾有机质、堆体甲烷含量进行了检测，结果表明：垃圾土中有机质含量在6.3%～15.3%，均值为

12.9%,各个采样点有机质含量差异较大,但总体符合老龄填埋垃圾有机物特征值。堆体中甲烷含量在 0.03%~4.2% 范围内,均值为 2.5%,低于甲烷爆炸极限(5%~15%),可能是由填埋场简易场封密封不严所致。

总体来说,本填埋场关键性指标,如封场时间、有机质、甲烷含量,已满足《生活垃圾填埋场稳定化场地利用技术要求》(GB/T 25179—2010)[72]中度利用要求,填埋垃圾介于基本稳定和完全稳定之间,场地适合进行开采。

3. 工程实施内容

结合场地用地规划和项目的特殊性(督察整改项目),最终采用好氧筛分工艺对本存量垃圾填埋场进行治理。针对潜在的高风险开采区域(主要考虑甲烷影响),设计输氧曝气预处理工艺单元,为垃圾堆体的安全开挖提供保障。基于此,本项目工程内容主要包括场地平整、垃圾分选临时厂房搭建、筛分设备安装、调试、好氧预处理、垃圾开挖、筛分、现场除臭、筛上物运送、筛下物转运、渗滤液收集(不包含处置),以及停止作业时的垃圾堆体覆膜等,项目的技术路线如图 4-27 所示。

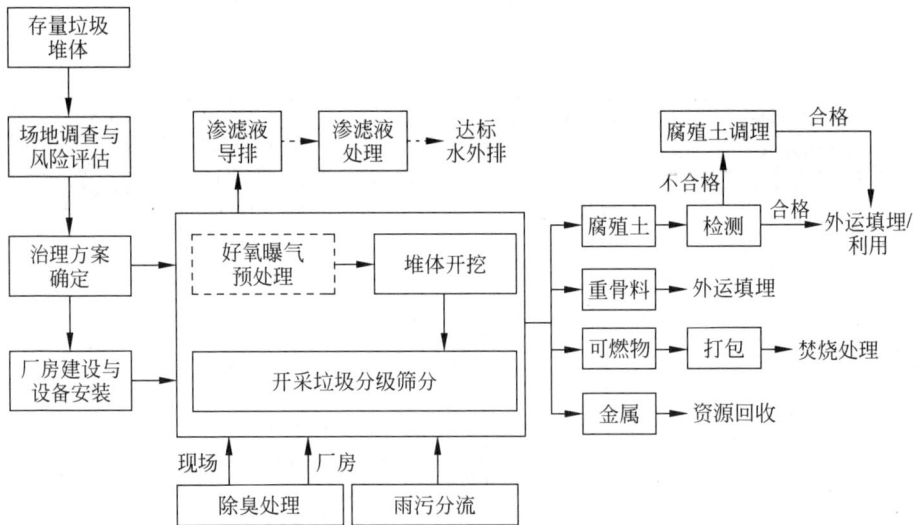

图 4-27　技术路线

1) 好氧预处理

本项目建设好氧预处理工艺单元,用于应对开挖过程中局部区域甲烷气体过高或垃圾堆体含水率的情况。基于项目需要,好氧预处理单元抽/注气井采用移动式设计,主要设计参数如下:

（1）抽注气风机均采用罗茨风机，变频控制。其中，注气风机气量为 $50 \text{ m}^3/\text{min}$，风压为 90 kPa；抽气风机气量为 $50 \text{ m}^3/\text{min}$，风压为 -20 kPa。另外，风机具备防腐防爆功能。

（2）针对特殊区域，抽注气井管采用网格状布置，同类型管道间距为 10 m。抽注气井管采用 4 m 长 DN50 镀锌钢管，下部 3 m 长度开孔，用于气体导排。井管上部通过法兰与气体传输管道连接。

（3）气体输送管件分为三级，其中一级（De250）、二级管线（De160）采用固定 HDPE 管道，三级管道采用 PVC 钢丝软管（De50），便于移动和管线布置。各级管道之间采用分流器和法兰进行连接。一级抽气管道上配有过滤和水汽分离装置。

（4）抽出气体设置一套活性炭吸附装置，经处理后的气体达标排放。

前期场地调查结果表明，采样点位甲烷浓度要低于爆炸极限。随着垃圾堆体开采，实时对填埋堆体表面甲烷浓度进行监测。测量高度为垃圾表面 $15\sim20$ cm，测量点位不少于 1 个/500 m^2，确保开挖作业面堆体表面甲烷浓度 $<1.25\%$。开挖过程中，一旦发现甲烷浓度超过施工警戒线，立即停止作业，同时配合防爆轴流风机对作业面进行通风吹脱，保证作业人员的安全性。

针对开挖安全、环境风险较大的区域，按照好氧预处理设计完成抽注气井的安装、管线连接，并启动风机设备和除臭设备。工艺单元启动后每日 2 次对抽气井的填埋气成分进行人工监测。当待开挖面所有的抽气井连续 4 次测量甲烷含量 $<5\%$，且堆体表面甲烷浓度 $<1.25\%$ 时，终止好氧操作，进行拔管开挖作业。一般情况下，好氧预处理作业周期控制在 $10\sim12$ 天为宜。

2）存量垃圾的开采与筛分

垃圾开采基本原则为"分层、分区"开挖，单次开挖厚度控制在 5 m 内。开挖放坡可按照 1∶1 进行，并预留 30°坡道。当挖掘到一定深度时，修建回转平台，直至挖掘到垃圾底部。填埋堆体坡脚部位预留场地作为高含水率垃圾的晾晒区，进一步降低垃圾含水率，提高后续筛分效率。

垃圾开挖后，由铲车运输至链板给料机的储料斗，经均料器均匀上料，进入上料输送皮带机。皮带机上设置人工分选平台，用于大体积干扰物的人工分拣。垃圾经过人工分选平台进入滚筒筛。滚筒筛内部安装刀具，兼具破袋和分散功能；设备筛孔经优化后，最终定为 30 mm，机器转速为 $4\sim12$ r/min，可同时保证处理能力和筛分效率。经过滚筒筛分选的筛下物（粒径 <30 mm）经磁选后，产出即为腐殖土；$\geqslant 30$ mm 的筛上物经磁选机除去金属后，输送至风选设备。其中轻质可燃物输送至打包机进行压缩打包，暂存外运；产生的重骨料（石块、玻璃等）污染相对较低，可直接外运处置，如图 4-28 所示。

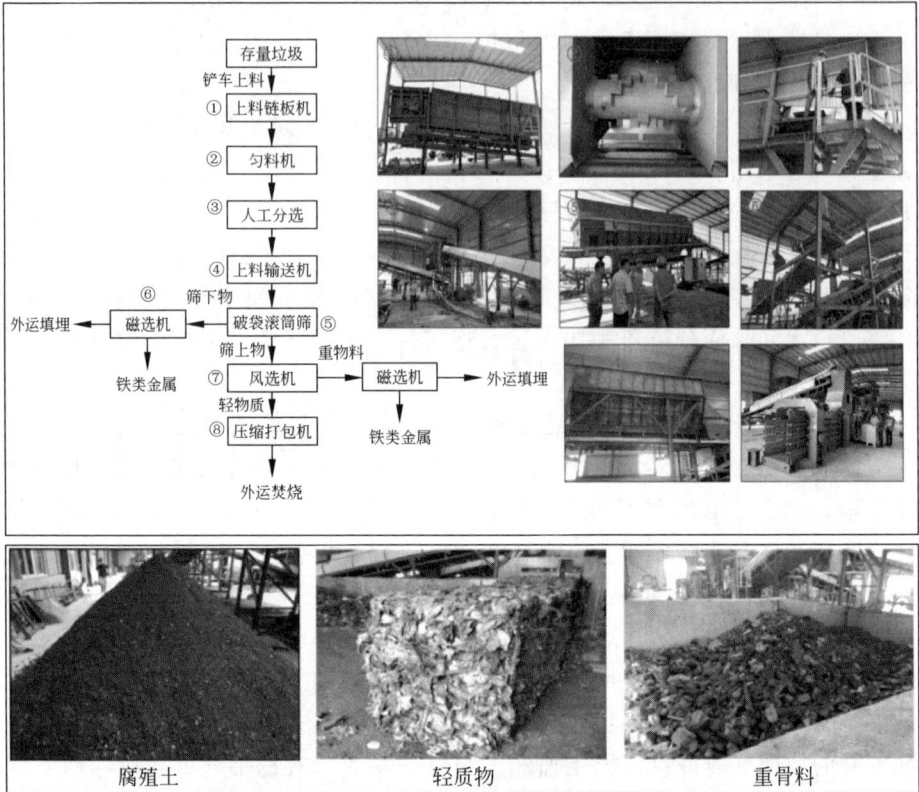

图 4-28 筛分工艺路线设置和产物照片

基于上述工艺设计和工期要求,本项目共设计 2 条生产线,单条生产线处理能力为 500 t/(8h),日处理 1000 t,设备总功率为 250 kW。筛分车间为钢结构临时厂房,占地面积为 1500~2000 m²,采取两班制,单班 10 人,并配备挖机、铲车、抱机各一台。

本项目存量垃圾经分选后,产生的筛上轻质可燃物、重骨料和筛下腐殖土所占比例分别为 34%、6% 和 60%,并且腐殖土筛分效率可达 90% 以上。

3)筛分腐殖土的检测与处置

针对筛分过程中产生的腐殖土,结合前期场地调查,最终确定以建设用地回填为主,剩余腐殖土进行废弃石窟回填的方式进行处置。基于环境安全性考虑,项目对腐殖土采取了加密的采样方式,取样频次为每万吨取样 80 次,进行重金属分析。结果表明,筛分产生的腐殖土全部批次满足二类建设用地土地标准要求,可用于包括工业用地、物流仓储用地、商业服务业设施用地、道路与交通设施用地、公用设施用地以及部分公共管理与公共服务用地和绿地与广场用地的回填,健康和环境风险较小。

本项目共处置垃圾腐殖土约 34.6 万吨。

4)筛上可燃物和筛下重骨料的处理

项目筛上可燃物的低位热值在 4598~5434 kJ/kg 范围内,高于原生生活垃圾的一般情况,适宜进行焚烧处置。筛上物经过打包后,全部运送周边生活垃圾焚烧厂进行无害化处理。项目所产生的重骨料污染风险小,采用建筑垃圾运输车辆,直运至当地废弃石窟进行回填处置,处置场地污染控制标准参考《一般工业固体废物贮存、处置场污染控制标准》(GB 18599—2001)执行[73]。

本项目共处置筛上可燃物 19.6 万吨,重骨料 3.5 万吨。

5)现场和筛分车间除臭

针对开采过程中产生的短时、小面积的臭气情况,在开采区域设置移动式风炮,并根据人工监测的结果来决定是否对开采区域进行重点植物液除臭剂喷洒。同时在填埋场下风向边界设置臭气检测设备,用以评价臭气对周边环境的影响。针对筛分车间内臭气,在筛分车间内共设置 8 个负压排气口,换气频率为 2 次/h。定时安排专职人员对车间地面喷洒植物除臭液,同时减少打包后的筛上可燃物在筛分车间的停留时间,有效控制恶臭气体的产生源头。

6)其他二次污染控制措施

(1)合理规划开采作业面,对非作业面进行集中覆盖;密切关注天气预报,减少雨天作业时长,做好现场雨污分流,降低渗滤液产生量;做好抗台风措施。

(2)开挖过程中产生的渗滤液通过渗滤液导排盲沟汇集至坡脚的收集井,后经泵送至飞灰渗滤液处理站进行处理。

(3)物料场内运输阶段严格限制行驶速度和运输路径,定期采用人工洒水进行降尘,降低扬尘影响。运输车辆出厂采用人工冲洗方式,洗净轮胎。

(4)设置密闭筛分厂房,垃圾筛分过程在密闭车间进行,减少扬尘和噪声。

(5)安排专人对筛分车间、场内运输道路遗撒物料进行清扫,以确保场区干净整洁。运输车辆出厂时设置洗车平台。

4. 项目特点

(1)项目采用开挖筛分工艺(图 4-29),在彻底消除存量垃圾潜在污染的同时,释放了土地资源,用于餐厨垃圾处理设施建设场地。

(2)搭建了国内存量垃圾填埋场好氧预处理工艺的雏形,进一步减少了开挖过程中的臭气影响,确保安全开挖的作业。

(3)项目于 2018 年开始施工,是国内较早实施的存量垃圾填埋场正规开挖工艺的典型案例,受到了中央环保督察组、有关部委和福建省直相关部门的高

图 4-29 筛分工艺生产线

度关注和充分肯定。2019 年 3 月,住建部标准所专家到石狮市调研,提出将该项目作为国内 50 万吨级非正规垃圾堆场治理的成功案例加以推广。2019 年 6 月,福建省住建厅举办存量垃圾治理培训班,组织全省各地行业主管部门和 49 家存量生活垃圾治理运营单位到石狮参观学习,推广石狮项目治理经验。

4.3 循环经济产业园区案例

4.3.1 循环园区:北京市朝阳循环经济产业园

1. 项目概况

北京市朝阳循环经济产业园(以下简称"园区")作为生态环境部第一批产业园区减污降碳协同创新试点单位,以设施协同、资源协同、能源协同、人才协同、技术协同、信息协同实现协同创新,积极打造循环经济领域的零碳(负碳)园区,助力城市减污、降碳、扩绿、增长。园区于 2002 年开始建设,已建成并投入运营的项目有:卫生填埋场及配套设施、医疗垃圾处理厂、生活垃圾焚烧厂和餐厨垃圾处理厂;其他规划项目正在筹备建设中。

园区建设坚持科学发展观,以循环经济为核心,以可持续发展为方向,通过统一规划,精心实施,建设技术先进的固体废物处理和综合利用设施,能够满足朝阳区社会经济发展的大型生活垃圾综合利用循环经济园区,成为具备环保教育功能的青少年教育基地,成为环保达标、环境优美的绿色生态园区。

2. 典型做法

亮点一：把城市大规模、多来源、多种类的废弃物转化为可利用、可循环的资源、能源和产品，为城市废弃物综合治理贡献解决方案。园区位于朝阳区金盏乡，占地面积近 3 平方千米，承担着北京市朝阳区及周边区域固体废物处理与资源化利用功能，园区内处理的废弃物具有规模大、种类多、来源广的特点，包括餐厨垃圾、厨余垃圾、生活其他垃圾、建筑垃圾、废旧物资回收等。园区已建成设施处理能力超过 8000 t/d，包括生活垃圾焚烧发电、餐厨/厨余资源化处理、建筑垃圾资源化处理和废旧物资回收利用。2024 年，全市第一批规模最大的厨余垃圾处理厂建成投产，园区综合处理能力将提高 1000 t/d，多源城市废弃物"源头减污"能力不断增强。城市生产、生活中产生的多种固体废弃物都能够在园区内转化为城市发展需要的资源、能源和再生产品。餐厨/厨余垃圾转化为沼气和再生油脂，其他垃圾转化为电力，建筑垃圾转化为再生砖和骨料，废旧物资经分选成为再生资源材料，以资源利用推动"末端减排"，如图 4-30 所示。

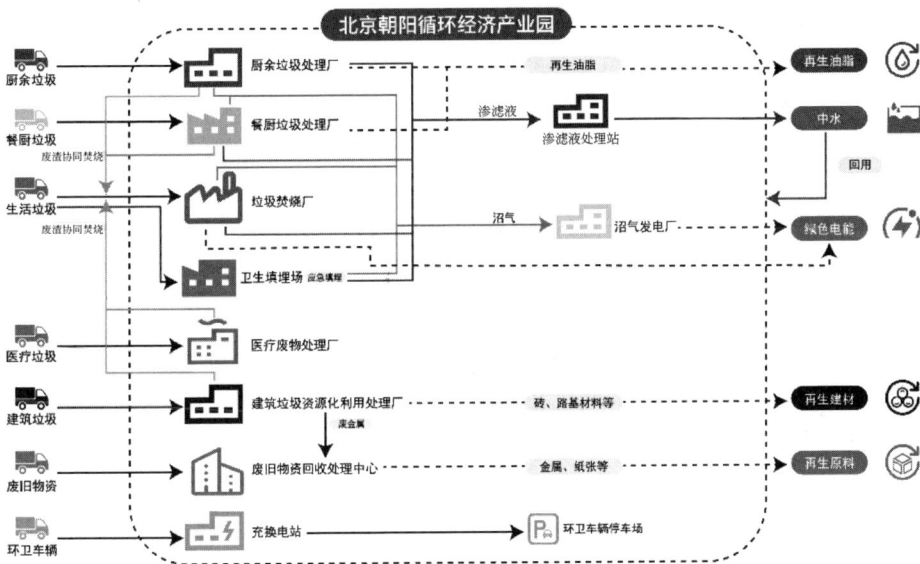

图 4-30 北京朝阳循环经济产业园多源固废处理路径

亮点二：坚持科技创新，打通产业设施间物质流、能量流、信息流、碳流、价值流，积极打造"零碳"甚至"负碳"园区，助力城市系统性减污、降碳、扩绿、增长。园区始终以科技创新培育新质生产力，围绕生活垃圾、餐厨垃圾、厨余垃圾等重点产业开展技术创新研究，建立了包括生活垃圾焚烧、餐厨/厨余垃圾等重点领域专项治理、工艺优化、智慧管理、协同增效等一系列减污降碳协同创新成套化技术体系。园区打通各产业设施间的物质流、能量流、信息流、碳流、价值流,开发物能协同技术、链条延伸技术等协同增效技术实现专利转化,推动了行业规范化发展。

亮点三:强化区域互动,化"邻避"为"邻利",积极营造全员降碳氛围,讲好减污降碳"北京朝阳故事",园区强化区域互动,建成了中心示范园、健康步道等各种免费体育设施、宣传走廊,为周边居民提供了健身锻炼、休闲娱乐、婚纱摄影基地等活动场所,创建与周边居民共享共建机制,成功化"邻避"为"邻利",把垃圾处理厂变身为"城市会客厅"。园区把垃圾处理厂变身"教学新课堂",努力营造全员降碳、公众说碳浓厚氛围。

3. 主要成效

园区将"垃圾处理厂"变身为"城市资源站",粗油脂供给能力达 5000 t/a,生产用水再生比例达到 100%,资源转化率超过 85%。园区将垃圾厂变身"城市能源站",积极推动可再生能源替代,年上网发电量超 5 亿度,截至 2024 年 11 月底,持有绿证突破 670000 个,园区能量自给率达到 100%。

园区率先实现 AI 智能+垃圾焚烧,全市首个 AI 智能焚烧系统已成功上线,有效实现垃圾发电主蒸汽稳定性提升 20% 以上,自动投运率达到 98% 以上,提高 1% 锅炉蒸发量,降低 80% 操作强度,达到降本增效、过程降碳双重效果。

发挥国家循环经济教育示范基地、国家生态环境科普基地优势,开展国际国内交流数千次,接待各级政府人员、业内人士、居民学生、国外来宾等参观访问 20 余万人次,网络直播和线上课堂观看量近 700 万人次。园区开拓渠道,努力向国际、国内各界人士宣传推广园区减污降碳协同创新模式和经验,在 ISWA 年会、服贸会、联合国人居署等国际平台发布了园区化协同处理多源城市废弃物的典型"北京朝阳"案例,积极讲述减污降碳协同创新的"北京朝阳故事"。

4.3.2　循环园区:环境园区资源、能源高效循环利用示范工程项目

1. 项目概况

郁南环境园位于深圳市中部的龙岗区西部,是市政环卫工程专项用地,总占地面积为 24999 m²,总建筑面积为 8858 m²。园内现有餐厨垃圾处理厂、粪渣无害化处理厂和病死禽畜卫生处理厂等,还建有一座污水厂处理相关生产废水及生活污水。然而,园区面临有机垃圾处置设施处理能力不足、系统处理效率低下、废水废渣外运量大、处理设施缺乏有机衔接、园区整体能源效率低等问

题。为解决这些问题,课题组开展循环化改造,旨在以餐厨垃圾处理厂为核心进行扩能增效,优化园区内部物质能量代谢路径,减少污染外运,实现资源、能源高效循环利用,提高可持续发展能力(图 4-31)。

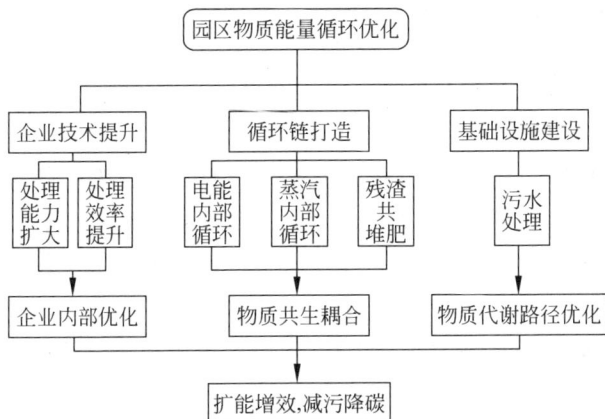

图 4-31　环境园区循环化改造方案

2. 典型做法

在郁南环境园的改造中,主要从 2 个核心方面发力。一方面是全力构筑单元补齐短板,另一方面是积极推进园区循环协同降碳,双管齐下,致力于全面提升园区的处理能力、资源利用效率与环境友好程度(图 4-32)。

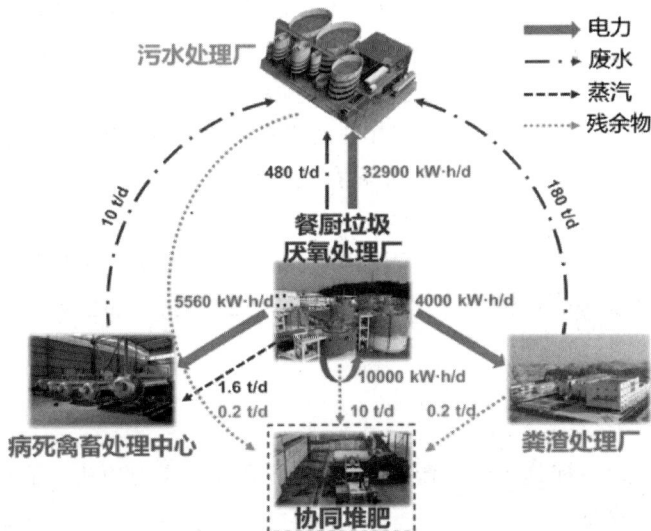

图 4-32　郁南环境园协同处理示意图

（1）构筑单元补齐短板

污水治理方面，新建污水处理厂为关键举措。其占地面积约为 3125 m²，设计处理规模达 700 t/d。工艺流程大致如下：首先采用絮凝沉淀使污水中的悬浮颗粒初步沉降，接着利用亚硝酸硝化/反硝化进行生物脱氮，再经 A/O 工艺脱氮除磷，最后借助超滤和纳滤深度处理，确保废水达标排入市政管网，彻底解决了污水外运问题，同时大幅提升出水水质，减少了对周边环境的污染风险。

针对有机垃圾处置，着重提升餐厨垃圾处理能力。从原有的 250 t/d 提升至 550 t/d，这得益于预处理工艺的优化。采用"调配除砂＋制浆＋除杂"工艺，固相物料被送至沼渣深度脱水系统，液相物料进入脱油系统，有效分离杂质和油脂，提高了后续处理效率。同时，新建 2 座卸料仓，有效容积为 55 m³，可储存 46.2 t 餐厨垃圾，并配置应急预处理线，保障了设施在特殊情况下的持续运行。优化升温脱油环节，在 120℃、30min 的条件下对餐厨垃圾浆液进行水热处理，使粗含油率提高 26.9%，油脂回收率达到 3% 以上，进一步提升了资源回收利用效率。

（2）园区循环协同降碳

在沼渣粪渣协同处理上，粪渣厂的 250 t/d 粪渣采用超高静态堆体堆肥工艺，虽其生产的堆肥产品肥效有限，但沼渣有机质和 N、P 含量较高，为两者协同处理提供了契机。将脱水沼渣与粪渣厂残渣进一步协同堆肥资源化处置，实现了资源的循环利用。例如，在餐厨垃圾沼渣堆肥过程中添加活性炭，有效缩短堆肥时间 50%，提高堆肥体发芽率，且堆肥产物用于培养深圳市年花年橘，效果显著。

电力内循环设施优化也取得重要进展。餐厨垃圾处理厂总产电量为 52460 kW·h/d，其中 10000 kW·h/d 用于自身，32900 kW·h/d 提供给污水处理厂，5560 kW·h/d 提供给病死禽畜处理厂，4000 kW·h/d 提供给粪渣处理厂，实现了园区内电力的高效分配和循环利用（图 4-33）。这不仅降低了能源消耗和运输成本，还减少了对外部电力的依赖，提高了园区整体能源利用效率，有效降低了环境影响，增强了园区各处理设施之间的协同性和稳定性，促进了园区可持续发展。

3. 主要成效

郁南环境园在实施系列改造后，其在环境和经济层面均获得了显著成效。

（1）环境效益

在处理能力方面，园区经过改造后，情景 2 和情景 3 的总处理能力相较于

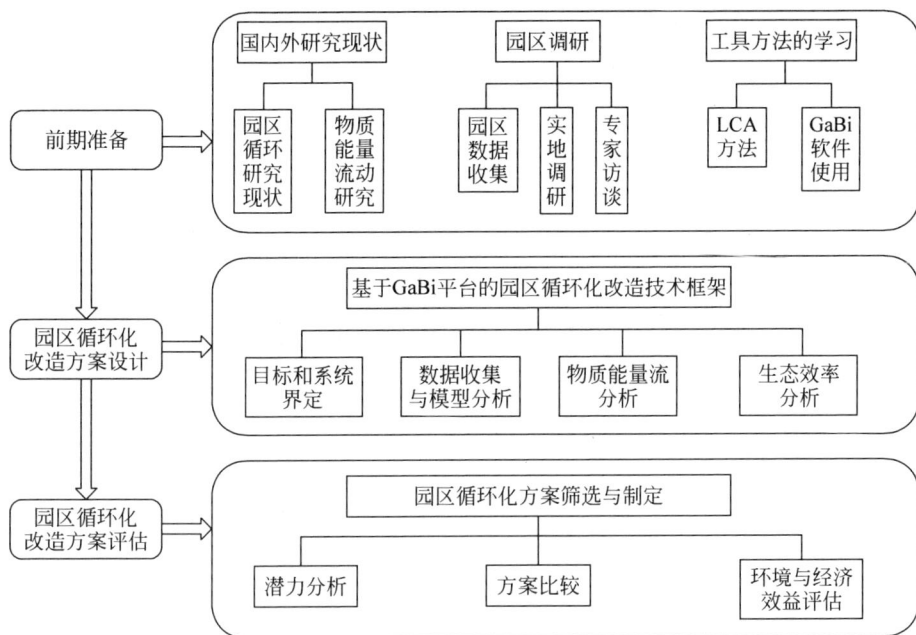

图 4-33　循环化改造评估技术路线

情景 1 有了大幅提升,分别达到 1.58 倍和 2.93 倍。污水排放得到有效改善,新建的污水处理厂使外排污水中的 COD、氨氮和 SS 显著降低,确保污水达标排入市政管网,极大地减少了对周边水体环境的污染风险。以餐厨垃圾处理厂为例,场景 3 中的单位处理量全球变暖潜势降至 92.2 kg CO_2-eq,相比场景 1 的 294.8 kg CO_2-eq 大幅下降,这主要得益于电力来源的优化和沼渣处理方式的改进,有效降低了温室气体排放,助力园区实现低碳发展目标,在环境保护方面取得了突出成绩(图 4-34)。

（2）经济效益

成本收入分析(图 4-35)清晰地展示了改造带来的经济变化。场景 1 的年利润为 5524 万元,场景 2 增长至 8473 万元,而场景 3 则达到了 10340 万元。餐厨垃圾处理厂在场景 2 中成本和收入的变化源于处理量的增加和沼气产量的上升。场景 3 中,尽管餐厨垃圾处理厂年收入略低于场景 2,但由于实现了能量循环,能源消耗和运输成本大幅降低,沼气产量增加,整体支出成本有效减少,从而实现了更高的年利润。这不仅提高了园区的经济效益,还为园区的可持续发展提供了坚实的经济保障,实现了经济效益与环境效益的“双赢”,也为同类型园区的改造和发展提供了极具价值的参考范例。

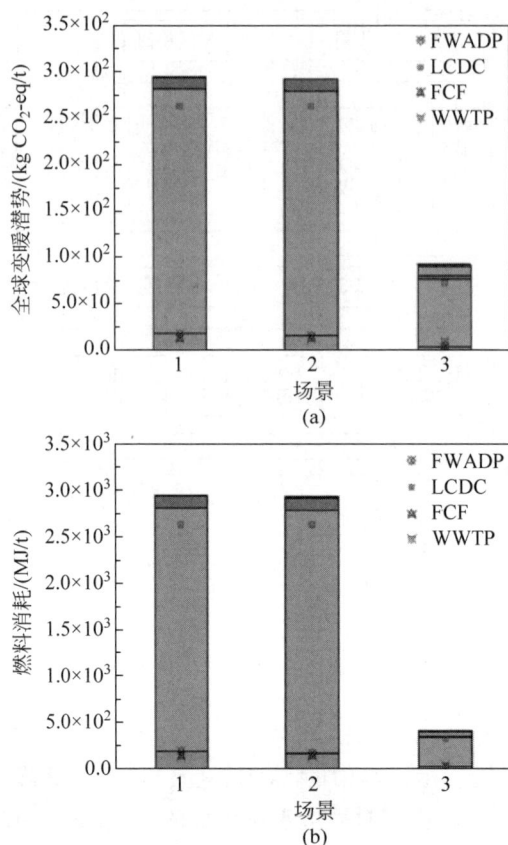

图 4-34 不同场景单位处理量的(a)全球变暖潜势和(b)燃料消耗(见文前彩图)

4.3.3 产业共生模式：固体废物高效联合处理与资源化技术

1. 项目概况

本项目根据环太湖水乡城镇固体废物组分特征、污染特性及资源化产物的市场前景,以削减污染负荷和废物高效利用为目标,研究固体废物污染负荷削减的全过程管理技术与模式、固体废物衍生燃料(RDF)和轻质陶粒制备技术,形成水乡城镇循环型固体废物资源化技术与设备。主要研究任务包括:

(1)城镇固体废物统筹控制及协同资源化模式

在城镇层次上,以循环经济理念为指导,提升优化城镇固体废弃物处理系统,充分发挥不同类型固体废物之间、固体废物处理与污废水处理之间、废物处理与产业经济之间的衔接互补作用,将多种废物统筹控制,协同处理,通过"以

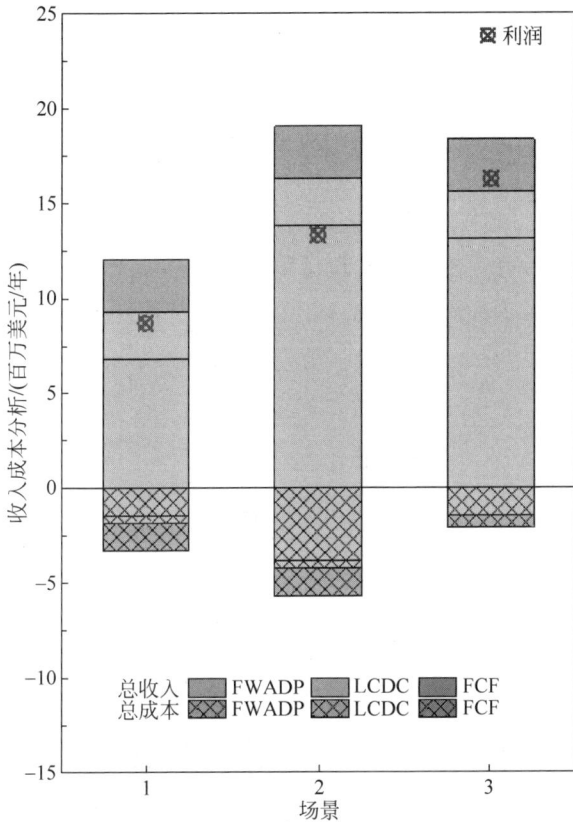

图 4-35　不同场景园区整体收入支出分析

废治废",实现城镇固体废弃物最大限度的资源化。重点研究生活垃圾分质收集、多种固体废物协同资源化技术模式。

（2）污泥底泥粉煤灰高温烧结制备陶粒技术

城镇污水处理厂污泥有机质含量相对较低,重金属含量相对较高。与河道底泥和电厂粉煤灰按一定比例混合后,其元素和矿物组成适宜作为烧制陶粒的原料,且通过高温烧结热化学处理可实现重金属污染物的有效固定。陶粒产品可用作污水处理厂滤料、河道生态治理及面源污染控制填料,体现"取之于水,用之于水"的物质循环理念,或用作建筑轻骨料。重点研究废物烧结制备陶粒的复合配方、烧结工艺参数与核心烧结设备。

（3）高热值废物压制成型制备固废衍生燃料（RDF）技术

城镇固体废弃物中生活垃圾可燃物、可燃性工业边角料热值较高,以其为主要原料,可生产附加值较高的 RDF。RDF 具有一定形状和强度、燃烧稳定、无臭异味、适于长距离运输和长期保存,可在电厂锅炉及其他燃煤锅炉、水泥窑等作为燃料使用。重点研究垃圾可燃物、可燃性工业边角料压制成型工艺及设备。

(4)生物质废物水解酸化制备污废水处理优质碳源技术

城镇污水处理厂以工业废水为主,生活污水为辅,生化处理存在碳源不足的问题。生物质垃圾破碎浆化与水解酸化后可以作为外部碳源加入污废水处理工序中协同处理,可实现生物质垃圾的安全高效处理,同时还可改善污废水的可生化性,提高出水水质,如图 4-36 所示。重点研究生物质垃圾的破碎浆化与水解酸化工艺和设备。

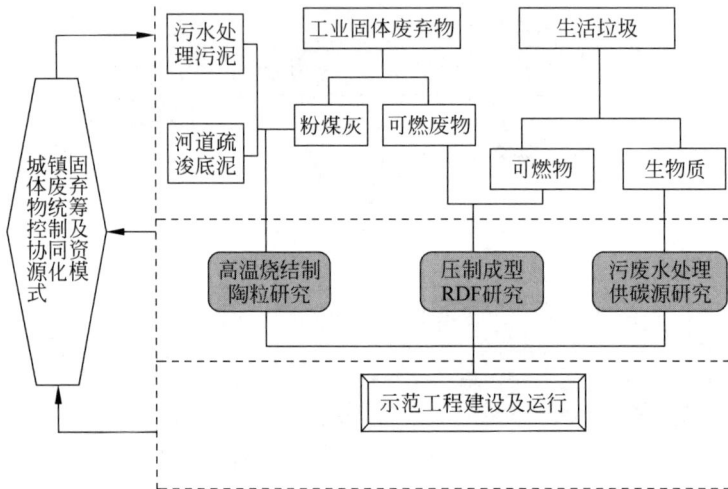

图 4-36　研究技术路线框图

2. 典型做法

(1)污泥底泥粉煤灰联合烧结制备轻质陶粒示范工程

工程建设重点是完成污水厂脱水污泥、河道疏浚底泥和热电厂粉煤灰高效联合烧结制备陶粒技术的工艺优化,分析研究陶粒烧结过程的影响因子,包括原料的复合配方、烧结工艺参数和烧结相关设备的开发运行等,并从成品外观性能、物理力学性能和环境安全性等方面进行产品性能分析及质量检验,使性能指标符合相关标准要求的陶粒产品再利用,可作为水处理滤料回到污水处理厂或作为建筑轻骨料应用于建材领域。

烧结制备陶粒的工艺流程详见图 4-37,技术工艺主要包括热风干燥、物料粉磨、混合上料、造粒成型、高温烧结、除尘脱臭等环节。

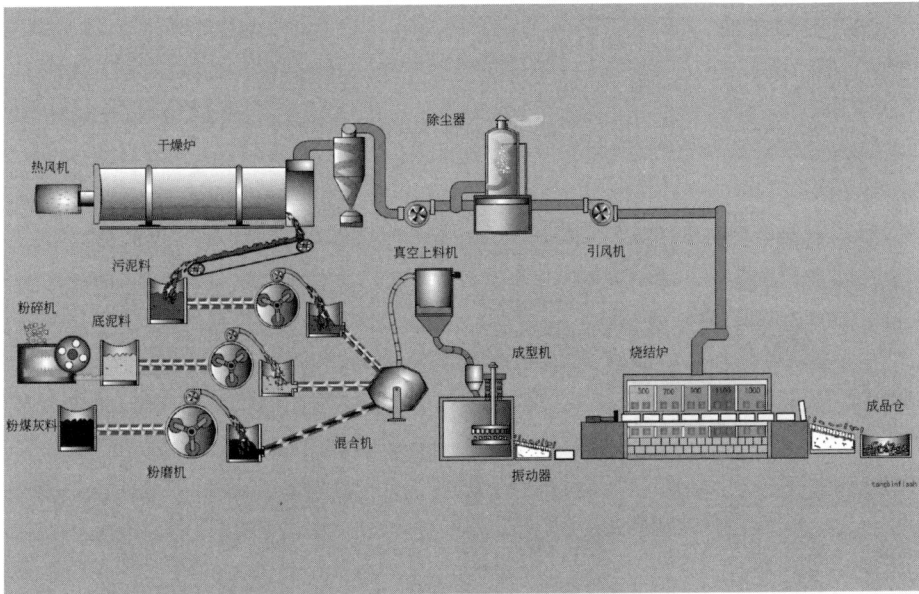

图 4-37 陶粒制备工艺流程图

（2）高热值垃圾与工业边角料压制成型制备 RDF 示范工程

制备 RDF 示范工程系统主要由三大部分组成：①垃圾分选预处理部分；②混合粉碎部分；③RDF 颗粒压制成型部分。本中试试验采用全套机械化生产，分选效率高，易于分离出所需高热值垃圾组分，出粒效果好，技术成型，对于非均质垃圾适应性强。系统的设备简化示意图如图 4-38 所示。

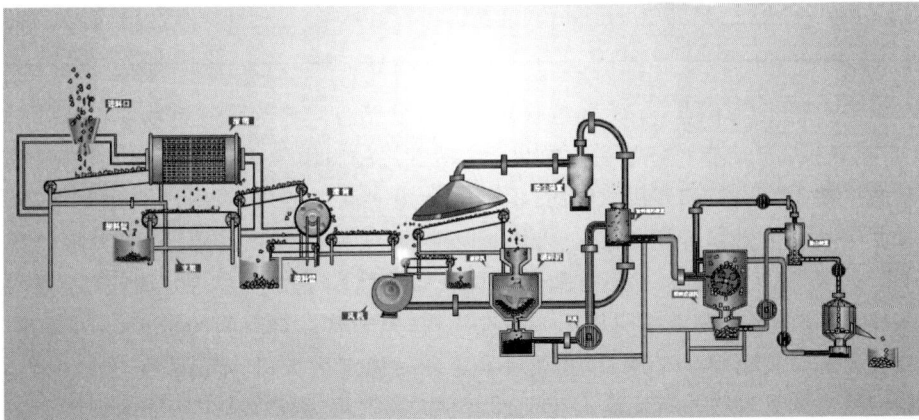

图 4-38 城市生活垃圾制备 RDF 燃料工艺流程简图

3. 主要成效

（1）陶粒滤料的应用

生产的陶粒已用于小松中试试验基地的曝气生物滤池，中试系统如图 4-39 所示，结果见表 4-4。

图 4-39 陶粒滤料应用于小松中试试验基地的曝气生物滤池

表 4-4 陶粒滤料用于小松中试试验基地的曝气生物滤池处理效果

污　染　物	去除率/%
COD	36.10
TP	62.35
浊度	49.74
氨氮	29.98

综上得出以下结论：①颗粒状陶粒和棒状活性炭作为曝气生物滤柱滤料对 $CODCr$ 和 TP 均有较好的去除效果；②活性炭滤料由于表面良好的微孔率，利于微生物附着生长和有机物吸附，但随着使用时间的增长，吸附性能逐渐下降，过度生长的微生物可能会使柱内发生板结，有效使用容积大幅减少，去除效果下降；③陶粒滤料由于粒间空隙较大且表面孔隙率不如活性炭好，挂膜需要时间较长，且前期处理效果明显不如活性炭柱，但随着运行时间的增长，附着在陶粒表面的微生物膜越来越多，处理效果表现为稳定增长，且不易发生板结现象，故运行后期处理效果反而略高于活性炭柱；④陶粒滤料有利于系统的长期稳定运行，在系统最优运行条件下，采用陶粒作为填料，出水可以满足要求。

（2）甪直镇热电厂链条炉煤中掺混 RDF 应用

2014 年姑苏区生活垃圾热值为 4158 kJ/kg，试点小区除 5—7 月外均高于姑苏区均值，其平均热值为 4736 kJ/kg，比姑苏区均值提高 14%。如果单独收集的厨余垃圾不计算在内，其他垃圾的热值将达到 7680 kJ/kg，能够显著提高焚烧处理的热效率。

根据热电厂混烧 RDF 稳定运行时烟气检测结果（表 4-5～表 4-7），按照《工业炉窑大气污染物排放标准》（GB 9078—1996）和《火电厂大气污染物排放标准》（GB 13223—2003），烧结过程中烟尘排放浓度和二氧化硫排放浓度均达标，二氧化氮排放未检出。二噁英排放浓度远低于《生活垃圾焚烧污染控制标准》中的安全值 0.1 ngTEQ/Nm³。热电厂烟气中含氧量为 16.8%，由于烧结过程中氧气基本不参加反应，所以根据 11% 含氧量换算后的二噁英总毒性当量浓度为 0.021 ng-TEQ/m³，表 4-8 中监测数据为已经换算后的数据，低于国家规定的二噁英总毒性当量浓度不高于 0.1 ng-TEQ/Nm³ 的标准，说明将 RDF 用于工业用替代燃料是可行的。

表 4-5　RDF 混烧采样工况

序号	测 试 项 目	单　　位	测定值		
1	测试工况负荷	%	100	100	100
2	测试管道截面面积	m²	19.635	19.635	19.635
3	测点废气温度	℃	64	63	62
4	废气含湿率	%	3.4	3.4	3.4
5	测点废气流速	m/s	5.92	5.82	6.01
6	实测废气量	m³/h			
7	标干态废气量	N.d.m³/h			

表 4-6　热电厂混燃 RDF 烟气常规指标检测报告　　　　　　mg/m³

测量仪器以及编号	智能烟尘平行采样仪 TH880V 型（RM02-02）				
测试工况	运行负荷达到 80%	治理设施	文丘里水膜除尘器	排气筒高度	60 m
编号	测试断面	监测项目（标态）			
		烟尘排放浓度	二氧化硫排放浓度	氮氧化物排放浓度	
QF11-702	锅炉废气排放口 1	33.0	225	361	
QF11-702	锅炉废气排放口 2	21.5	189	345	
QF11-702	锅炉废气排放口 3	37.9	215	375	
锅炉烟尘排放口均值		30.8	210	360	
GB 13223—2003《火电厂大气污染物排放标准》		≤50	≤400	≤450	
评价		达标	达标	达标	

表 4-7 热电厂混燃 RDF 烟气重金属监测结果

序号	测试项目	单位	监 测 结 果					标准限值 (GB 18484—2001)
1	Ni 及其化合物	mg/Nm³	0.030	0.040	0.053	0.030	0.044	1.0(砷＋镍)
2	As 及其化合物	mg/Nm³	0.387	0.226	0.701	0.500	0.827	
3	Cd 及其化合物	mg/Nm³	0.040	0.066	0.035	0.035	0.053	0.1
4	Pb 及其化合物	mg/Nm³	0.304	0.440	0.361	0.314	0.408	1.0
5	Hg 及其化合物	mg/Nm³	ND	ND	ND	ND	ND	0.1
6	Zn 及其化合物	mg/Nm³	0.671	1.741	0.881	1.108	2.338	
7	Cu 及其化合物	mg/Nm³	0.320	0.094	0.084	0.170	0.107	4.0(锰＋铜＋铬)
8	Cr 及其化合物	mg/Nm³	0.121	0.198	0.153	0.144	0.180	

表 4-8 热电厂混燃 RDF 烟气二噁英详细检测报告

项 目	Total-TEQ (ngTEQ/Nm³)		
	检测 1	检测 2	检测 3
2,3,7,8-TeCDD	0.0035	0.004	0.004
TeCDDs	—	—	—
1,2,3,7,8-PeCDD	0.005	0.005	0.005
PeCDDs	—	—	—
1,2,3,4,7,8-HxCDD	0.0015	0.0015	0.0015
1,2,3,6,7,8-HxCDD	0.001	0.001	0.001
1,2,3,7,8,9-HxCDD	0.0005	0.0005	0.0005
HxCDDs	—	—	—
1,2,3,4,6,7,8-HpCDD	0.0001	0.0001	0.0001
HpCDDs	—	—	—
OCDD	0.000009	0.000009	0.000009
Total PCDDs	0.012	0.012	0.012
2,3,7,8-TeCDF	0.001	0.001	0.001
TeCDFs	—	—	—
1,2,3,7,8-PeCDF	0.00015	0.00015	0.00015
2,3,4,7,8-PeCDF	0.003	0.003	0.003
PeCDFs	—	—	—
1,2,3,4,7,8-HxCDF	0.0005	0.0005	0.0005
1,2,3,6,7,8-HxCDF	0.0005	0.0005	0.0005
1,2,3,7,8,9-HxCDF	0.001	0.001	0.001
2,3,4,6,7,8-HxCDF	0.0015	0.0015	0.0015
HxCDFs	—	—	—
1,2,3,4,6,7,8-HpCDF	0.00015	0.00015	0.00015

续表

项　　目	Total-TEQ（ngTEQ/Nm³）		
	检测 1	检测 2	检测 3
1,2,3,4,7,8,9-HpCDF	0.0001	0.0001	0.0001
HpCDFs	—	—	—
OCDF	0.0000045	0.000012	0.000019
Total PCDFs	0.0079	0.0079	0.0079
Total PCDD/Fs	0.02	0.02	0.02
3,3',4,4'-TeCB（#77）	0.00001	0.0000067	0.000007
3,4,4',5-TeCB（#81）	0.000003	0.000003	0.000003
3,3'4,4',5-PeCB（#126）	0.0005	0.0005	0.0005
3,3',4,4',5,5'-HxCB（#169）	0.00015	0.00015	0.00015
Total non-ortho PCBs	0.00066	0.00066	0.00066
2,3,3',4,4'-PeCB（#105）	0.0000015	0.00000075	0.0000019
2,3,4,4',5-PeCB（#114）	0.0000006	0.0000006	0.0000006
2,3',4,4',5-PeCB（#118）	0.0000033	0.0000025	0.0000042
2',3,4,4',5-PeCB（#123）	0.0000003	0.0000028	0.0000003
2,3,3',4,4',5-HxCB（#156）	0.00000045	0.00000075	0.00000045
2,3,3',4,4',5'-HxCB（#157）	0.00000011	0.0000003	0.00000012
2,3',4,4',5,5'-HxCB（#167）	0.00000014	0.0000009	0.00000014
2,3,3',4,4',5,5'-HpCB（#189）	0.00000015	0.00000045	0.00000015
Total mono-ortho PCBs	0.0000065	0.000009	0.0000078
Total DL-PCBs	0.00067	0.00067	0.00067
Total（PCDD/Fs+DL-PCBs）	0.02	0.021	0.021

参 考 文 献

[1] 刘建国.深入推进生活垃圾分类的问题分析与发展路径研究[J].城市管理与科技,2022,23(2):14-17.

[2] 刘建国.推进北京垃圾分类从量变到质变[J].城市管理与科技,2022,23(6):19-22.

[3] 宫飞行,邵笑,王丽英,等.《上海市生活垃圾管理条例》实施中存在的问题及对策分析[J].经济研究导刊,2020(34):104-106+112.

[4] 刘建国.垃圾分类:实现系统推进、多元共治的中国式现代化[J].城市管理与科技,2023,24(2):10-13.

[5] 尚奕萱,梁立军,刘建国.发达国家垃圾分类得失及其对中国的镜鉴[J].环境卫生工程,2021,29(3):1-11.

[6] KONG X,CHEN J,WANG S,et al. When polyethylene terephthalate microplastics meet Perfluorooctane sulfonate in thermophilic biogas upgrading system:Their effect on methanogenesis[J]. Journal of Hazardous Materials,2024,466:133626.

[7] XU S,KONG X,LIU J,et al. Effects of high-pressure extruding pretreatment on MSW upgrading and hydrolysis enhancement[J]. Waste Management,2016,58:81-89.

[8] KONG X,LI Q,ZHANG W,et al. Metabolic effects of Fe^0 on simultaneously eliminating excessive acidification and upgrading biogas in mesophilic or thermophilic anaerobic reactor[J]. Journal of Cleaner Production,2023,389:136079.

[9] LI Q,KONG X,CHEN Y,et al. Co-enhancing effects of zero valent iron and magnetite on anaerobic methanogenesis of food waste at transition temperature (45℃) and various organic loading rates[J]. Waste Management,2024,173:87-98.

[10] 赵爱华,邰俊,车越,等.上海生活源可回收物资源化特点分析及协同管理机制研究[J].环境卫生工程,2022,30(6):70-76.

[11] 赵洁,宋春玲,叶红,等.废塑料回收与资源化现状进展[J].广州化工,2024,52(21):168-171.

[12] 戴军,范帅康,庄绪宁,等.上海市生活垃圾废塑料回收再利用现状及优化策略[J].上海第二工业大学学报,2024,41(1):46-53.

[13] 张勇.废玻璃的加工再利用[J].上海化工,2022,47(6):41-43.

[14] 侯春婷.从垃圾分类的实施看纺织品回收再利用标准[J].中国纤检,2020(1):88-89.

[15] 薛立强,赵月.低值可回收物管理的现实困境及"两网融合"推进建议[J].环境保护,2023,51(17):63-67.

[16] 刘建国."减量化""资源化""无害化"科学内涵与相互关系解析[J].环境与可持续发展,2020,45(5):23-26.

[17] 住房和城乡建设部.城市生活垃圾分类及其评价标准:CJJ/T 102—2004 [S].2004.

[18] 国家市场监督管理总局,中国国家标准化管理委员会.生活垃圾分类标志:GB/T 19095—2022 [S].2022.

[19] 上海市人民政府办公厅.上海市人民政府办公厅印发《关于建立完善本市生活垃圾全

程分类体系的实施方案》的通知(沪府办规〔2018〕8号)[EB/OL].(2018-02-07)[2024-12-12].

[20] 前瞻产业研究院.预见2022:《2022年中国生活垃圾处理行业全景图谱》(附市场现状、竞争格局和发展趋势等)[EB/OL].(2022-03-08)[2024-12-12].

[21] 宁德市生态环境局,宁德市城市管理局.关于印发宁德市有害垃圾收运和处置方案的通知(宁市环土〔2023〕14号)[Z].2023.

[22] 漳州市城市管理局,漳州市生态环境局,漳州市城市管理局.漳州市生态环境局关于印发《漳州市有害垃圾收运处置工作指引(试行)》的通知(漳城综〔2024〕23号)[Z].2024.

[23] 漳州市城市管理局,漳州市生态环境局,漳州市城市管理局.漳州市生态环境局关于印发《漳州市有害垃圾收运处置工作指引(试行)》的通知(漳城综〔2024〕23号)[Z].2024.

[24] 郑丰,史波芬,张曼,等.大件垃圾收运处理现状及优化策略研究——以A市为例[J].城市管理与科技,2024,25(2):64-68.

[25] CJ/T 3033—1996.《城市垃圾产生源分类及垃圾排放》[S].

[26] CJJ/T 134—2019.《建筑垃圾处理技术标准》[S].

[27] DB11/T 1077—2020.《建筑垃圾运输车辆标识、监控和密闭技术要求》[S].

[28] 中商产业研究院.2023年中国固废处理市场前景及投资研究报告(简版).

[29] 中国青年网.中国建筑垃圾年产18亿吨资源化率不足10%[R/OL].(2018-02-23).

[30] 彭韵,李蕾,彭绪亚,等.我国生活垃圾分类发展历程、障碍及对策[J].中国环境科学,2018,38(10):3874-3879.

[31] 毛达.改革开放以来我国生活垃圾问题及对策的演变[J].团结,2017(5):16-23.

[32] 生态环境部固体废物与化学品管理技术中心."无废城市"建设进展研究报告(2023)[R/OL].(2024-12-30)[2025-01-22].

[33] 广东省人民政府办公厅.广东省人民政府办公厅转发《国务院办公厅转发城乡建设环境保护部、中央爱国卫生运动委员会关于处理城市垃圾改善环境卫生面貌报告的通知》(粤府办〔1986〕142号)[Z].1986.

[34] 中华人民共和国国务院.城市市容和环境卫生管理条例[Z].1992.

[35] 建设部.关于公布生活垃圾分类收集试点城市的通知(建城环〔2000〕12号)[Z].2000.

[36] 中华人民共和国生态环境部.中华人民共和国固体废物污染环境防治法[EB/OL].(2020-04-30)[2024-12-12].

[37] 住房和城乡建设部.城市生活垃圾管理办法[Z].2007.

[38] 中华人民共和国国务院.国务院批转住房城乡建设部等部门关于进一步加强城市生活垃圾处理工作意见的通知(国发〔2011〕9号)[Z].2011.

[39] 国务院办公厅转发发展改革委,住房城乡建设部,环境保护部."十二五"全国城镇生活垃圾无害化处理设施建设规划(国办发〔2012〕23号)[Z].2012.

[40] 国家发展和改革委员会,住房和城乡建设部."十三五"全国城镇生活垃圾无害化处理设施建设规划(发改环资〔2016〕2851号)[Z].2016.

[41] 国家发展和改革委员会,住房和城乡建设部."十四五"城镇生活垃圾分类和处理设施发展规划(发改环资〔2021〕642号)[Z].2021.

[42] 中华人民共和国国务院.2030 年前碳达峰行动方案(国发〔2021〕23 号)[Z].2021.

[43] 中华人民共和国国务院."十四五"节能减排综合工作方案(国发〔2021〕33 号)[Z].2021.

[44] 国家统计局.中国统计年鉴[M].北京:中国统计出版社,2011.

[45] 张明武,宋敏英,刘意立,等.生活垃圾源头沥水的减量提质效应研究[J].环境科学学报,2017,37(3):1032-1037.

[46] 王笑笑.浙江海盐:"三紧三全力"提升建筑垃圾治理精细化水平[N].(2024-03-13)[2025-01-22].

[47] 住房和城乡建设部.施工现场建筑垃圾减量化指导手册[Z].(2020-05-08)[2025-01-22].

[48] QIAO X,KONG X,CHE Q,et al. Response of methanogenic metabolism to polystyrene microplastics at varying concentrations: The trade-off between inhibitory and protective effects in anaerobic digestion[J]. Journal of Cleaner Production,2024,467:142942.

[49] WANG X,XU J,ZHAO M,et al. Recent progress of waste plastic upcycling based on multifunctional zeolite catalysts[J]. Chemical Synthesis,2024,4(2).

[50] XIA J,GHAHREMAN A. Sustainable technologies for the recycling and upcycling of precious metals from e-waste [J]. Science of The Total Environment,2024,916:170154.

[51] ZHANG P,LI L,SI J, et al. Hydrothermal cotreatment of municipal solid waste incineration fly ash and leachate for organic contaminant degradation and heavy metal immobilization[J]. Journal of Environmental Chemical Engineering,2025,13(2):115434.

[52] LIU C,LI H,NI J Q,et al. Synergistic effects of heterogeneous mature compost and aeration rate on humification and nitrogen fixing during kitchen waste composting[J]. Journal of Environmental Management,2025,373:123743.

[53] CUI G,LÜ F,ZHANG H,et al. Intelligent bio-conversion of food waste by housefly larvae: A small-scale case in Nanjing,China[J]. Journal of Material Cycles and Waste Management,2023,25(2):694-697.

[54] GB 50869—2013.《生活垃圾卫生填埋处理技术规范》[S].

[55] GB 16889—2008.《生活垃圾污染物控制标准》[S].

[56] GB 16889—2024.《生活垃圾污染物控制标准》[S].

[57] 刘建国.以科技支撑助推超大城市垃圾分类治理提质增效[J].城市管理与科技,2024,25(1):9-12.

[58] 刘建国.超大城市生活垃圾分类处理技术与管理模式[M].北京:科学出版社,2025.

[59] 周可人.基于多维环境绩效评估的生活垃圾分类处理系统优化研究[D].北京:清华大学,2023.

[60] 李天骄,王涵,李水坤,等.深圳市生活垃圾分类系统的物质流变化[J].环境卫生工程,2021,29(4):7-13+21.

[61] 王涵,李欢,殷铭,等.深圳市生活垃圾源头排放规律与资源化路径分析[J].环境卫生工程,2020,28(3):21-27.

[62] 深圳翠竹外国语实验学校.生态文明教育从小做起——深圳翠竹外国语实验学校生态文明教育纪实[J].环境教育,2022(7):90.

[63] 胡春明.深圳"蒲公英计划":垃圾分类的传播机和助推器[N].中国建设报,2022-03-

14(003).

［64］ 刘建国.垃圾分类与可持续发展［J］.中国志愿服务研究,2024,5(1)：1-5.

［65］ 林清容,古凤.深圳建立"社会共治"垃圾分类模式［N］.深圳特区报,2024-05-29
(A01).

［66］ 林清容.全国首宗奶盒回收碳减排量交易在深达成［N］.深圳特区报,2024-11-18
(A03).

［67］ 住房和城乡建设部标准定额研究所.《生活垃圾填埋场生态修复工程技术导则》［M］.
北京：中国建筑工业出版社,2022.

［68］ CJ/T 340—2016.《绿化种植土》［S］.

［69］ GB/T 33891—2017.《绿化用有机基质》［S］.

［70］ GB 36600—2018.《土壤环境质量建设用地土壤污染风险管控标准(试行)》［S］.

［71］ GB 16990—2008.《生活垃圾填埋场污染控制标准》［S］.

［72］ GB/T 25179—2010.《生活垃圾填埋场稳定化场地利用技术要求》［S］.

［73］ GB 18599—2001.《一般工业固体废物贮存、处置场污染控制标准》［S］.